Luis Fernando Stucchi
Fillipe Marcussi
Léo Zucoloto

Limoeiro, Limão, Limonada
A Química Espremida e Adoçada

Ilustrações de **Léo Zucoloto**

Limoeiro, Limão, Limonada - A Química Espremida e Adoçada
Copyright© Editora Ciência Moderna Ltda., 2015

Todos os direitos para a língua portuguesa reservados pela EDITORA CIÊNCIA MODERNA LTDA.
De acordo com a Lei 9.610, de 19/2/1998, nenhuma parte deste livro poderá ser reproduzida, transmitida e gravada, por qualquer meio eletrônico, mecânico, por fotocópia e outros, sem a prévia autorização, por escrito, da Editora.

Editor: Paulo André P. Marques
Produção Editorial: Aline Vieira Marques
Capa: Ideias Demais Com. & Design
Diagramação: Luis Fernando Stucchi
Assistente Editorial: Dilene Sandes Pessanha

Várias **Marcas Registradas** aparecem no decorrer deste livro. Mais do que simplesmente listar esses nomes e informar quem possui seus direitos de exploração, ou ainda imprimir os logotipos das mesmas, o editor declara estar utilizando tais nomes apenas para fins editoriais, em benefício exclusivo do dono da Marca Registrada, sem intenção de infringir as regras de sua utilização. Qualquer semelhança em nomes próprios e acontecimentos será mera coincidência.

FICHA CATALOGRÁFICA

STUCCHI, Luis Fernando; MARCUSSI, Fillipe de Bonis; SILVA, Leonardo Zucoloto Pereira da.

Limoeiro, Limão, Limonada - A Química Espremida e Adoçada

Rio de Janeiro: Editora Ciência Moderna Ltda., 2015.

1. Química
I — Título

ISBN: 978-85-399-0602-4   CDD 540

Editora Ciência Moderna Ltda.
R. Alice Figueiredo, 46 – Riachuelo
Rio de Janeiro, RJ – Brasil   CEP: 20.950-150
Tel: (21) 2201-6662/ Fax: (21) 2201-6896
E-MAIL: LCM@LCM.COM.BR
WWW.LCM.COM.BR   **01/15**

*"Todos os homens têm, por natureza,
desejo de conhecer."*

Aristóteles

Dedicado a Mendeleev, por ter deixado o
sumário deste livro tão bem organizado.
— L.F.S. — F.M. — L.Z.

Para meu pai Luiz Antonio, para minha mãe Marisa,
para minhas irmãs Flávia, Daniela e Paula,
e para meu irmão Rafael.
— L.F.S.

Para meu pai Adauto, para minha mãe Marta,
e para meu irmão Matheus.
— F.M.

Para meu pai Lisoneto, para minha mãe Silvia,
e para minha irmã Larissa.
— L.Z.

AGRADECIMENTOS

Nossos agradecimentos se estendem a uma infinidade de pessoas, desde Tales de Mileto até Iberê Thenório, passando por Aristóteles, Lavoisier e Madame Curie. Apesar de todas essas pessoas não serem mais que uma fração insignificante de uma fração absolutamente insignificante da quantidade correspondente a um mol, seria impossível listá-las todas aqui, e por isso nos restringiremos a umas poucas, cujos nomes e razão da gratidão estão apresentados a seguir:

A Montse e Alexia, pela inspiração.

A Marcelo Giordan, pelo incentivo à escrita (já faz mais de dez anos). A Alexandre Azevedo, Thiago Mlaker e Cristian Clemente, pelas sugestões e apoio ao projeto.

A Alexandre Vitorino, pelo compartilhamento dos conhecimentos químicos ao longo dos meses de convivência.

A Harley Oliveira, pelas dicas na área médica.

A Selma Regina Ramos, pelas dicas gramaticais.

A Lau Baptista, pelas dicas na área de diagramação.

A Victor Siena, Felipe Hiromitsu, Hugo Bononi, Leo Barros, Felipe Monteiro, Adriana Facion e Alefe Cintra, pela leitura do texto original, ou de partes dele, e pelos preciosos comentários.

Em especial, a Paula Stucchi, Larissa Zucoloto, André Pedersoli, Ana Flávia Nogueira e Yasmim Koba, que, juntamente com a leitura do texto original, ou de partes dele, e com os preciosos comentários, manifestaram um motivador entusiasmo pelo projeto.

A todos os alunos, professores e funcionários do Colégio Ideal de Ribeirão Preto, por estarem diretamente envolvidos, mesmo sem o saber, no desenvolvimento deste livro. Agradecimento especial ao idealizador do Colégio Ideal, Fausto Gallina, por ter feito do colégio o lugar ideal para o surgimento desse amontoado de letras.

Ao Centro de Ensino Integrado de Química, o CEIQ, pelo incentivo para o ensino da Química dentre estudantes do ensino médio de toda a canavialesca região de Ribeirão Preto.

A Alexandre Felizola, pela promessa da arte da capa, antes mesmo dos autores acreditarem que este livro seria realmente escrito, e, principalmente, pelo cumprimento dessa promessa.

Aos meninos do Clube Atlas de Ribeirão Preto, por serem uma fonte constante de inspiração.

A Guilherme Melo, por ter encontrado os manuscritos de um projeto há anos esquecido em algum recanto recôndito de um castelo em Campinas (no caso, o projeto envolvia revelação de fotografias utilizando frutas vitaminadas).

A Tito Peruzzo, pela amizade e apoio.

A Rodrigo Ratier, antecipadamente, pela ajuda que pode vir a dar na divulgação de toda essa limonada.

Não queremos continuar a lista, pois sempre faltarão nomes; importa mais que estejam em nossos corações do que impressos nessas fibras celulósicas que em breve as traças hão de traçar. Encerramos assim (e com isso já basta): a você, leitor, que leu, lê ou lerá este livro, pela coragem, paciência, confiança, intrepidez, persistência, bravura, magnificência e, principalmente, humildade, ao reconhecer que agora exageramos um pouquinho.

NOTA DO EDITOR

Tendo em vista que os autores não concordaram com as alterações sugeridas, em revisão de português feita pela editora, a Editora Ciência Moderna exime-se de qualquer erro gramatical ou incoerência que possa conter no texto desta obra.

A responsabilidade passa a ser unicamente dos autores.

SUMÁRIO

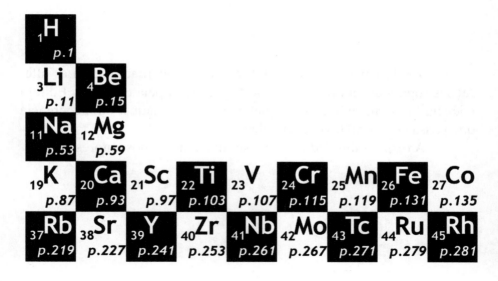

Sumário | XIII

$_2$He
p.7

$_5$B $_6$C $_7$N $_8$O $_9$F $_{10}$Ne
p.19   p.25   p.29   p.37   p.41   p.49

$_{13}$Al $_{14}$Si $_{15}$P $_{16}$S $_{17}$Cl $_{18}$Ar
p.63   p.67   p.69   p.73   p.77   p.81

$_{28}$Ni $_{29}$Cu $_{30}$Zn $_{31}$Ga $_{32}$Ge $_{33}$As $_{34}$Se $_{35}$Br $_{36}$Kr
p.137 p.147 p.151 p.155 p.163 p.171 p.187 p.197 p.209

Tabela periódica
p.288

CAPÍTULO UM

— **H**ÉLIOOOO!!! – em todos os cantos da casa ouvia-se o berro de dona Yolanda, em sua voz aguda, penetrante. Hélio nem sequer se sobressaltou, tão acostumado estava com o gênio de sua mãe. *Eita mulher escandalosa!*, pensava com frequência.

— HÉLIOOOOOO!!! – o grito de dona Yolanda foi agora mais alto, mais cortante, de levantar defunto.

Hélio já sabia por que sua mãe estava fazendo aquele escândalo todo. Todos os dias, acontecia a mesma coisa. Se não fosse a insistência da mãe, ele jamais começaria a estudar. Aliás, não entendia por que as pessoas precisam estudar. Pior, por que as crianças devem estudar? Ele achava que criança não foi feita para esse tipo de coisa. Isso sim é exploração infantil, convencionalismo social sem fundamento, má vontade dos pais para inventar ocupações mais criativas para seus filhos.

No dia seguinte, 12 de fevereiro, Hélio completaria 15 anos. Seria uma quarta-feira, em pleno dia de aula, e o maior dos absurdos é que sua mãe não o deixaria faltar. *Impossível, com minha mãe não há diálogo. Só sabe berrar. Criança ter que assistir aula bem no dia do aniversário...* O menino insistia na ideia de ser criança e, ainda por cima, indefesa, sem perceber que 15 anos são 15 anos. No jantar que sua mãe preparou no sábado, dia 8, para comemorar seu aniversário, seus tios, sua madrinha e os amigos de seus pais repetiam à exaustão: "Nossa, como você cresceu", "Que meninão bonito", "Querido, como você está mudado", "Que espichada você deu, moleque"... Frases ditas da boca para fora, evidentemente, mas, no tocante a seu tamanho, era verdade: em menos de um ano, cresceu mais de 15 centímetros. Mesmo assim, Hélio não atinava com o fato de já não ser mais criança. Todo seu comportamento era infantil. Se dependesse dele, passava o dia inteiro no videogame, na Internet e na TV. Não tinha muitos amigos, mas, quando estava com eles, os papos e os passatempos eram o videogame, a Internet e a TV. Agora, no Carnaval, viajaria com os pais e seus dois irmãos mais novos, e sua única preocupação era poder levar o videogame, ter acesso à Internet e dispor de uma TV.

Verdade, Hélio não via sentido nos estudos. Seu pai não estudava, sua mãe não estudava. Nunca deram mostras de que alguma vez estudaram na vida. Claro, sabiam ler e fazer cálculos básicos, coisas que, com certeza, aprenderam na escola muitos anos antes. Mas, e o resto? Achava que as coisas importantes da vida não se aprendem na escola. A própria vida vai ensinando. Pelo contrário, a escola subtrai das pessoas um tempo precioso, tempo que poderia ser empregado para aprender coisas úteis. Disso estava absolutamente convencido. Por que tantos anos estudando Português? Já não é suficiente saber ler e escrever? A Matemática se resolve com a calculadora. Para a Geografia, existem infinitas opções de mapas na Internet, com imagens de satélites, fotografias de cada cantinho do planeta, e tudo em bilhões de cores nas telas dos computadores. Física e Química, com certeza não serviam para nada. História, há séculos que já passou de moda (com todos os avanços dos últimos anos, não tem a mínima utilidade querer saber como as pessoas viviam no passado). Para aprender Educação Artística e Educação Física, claro que bastavam os ateliês de artes e as academias de musculação. Que mais? Ah, Biologia! Também não acrescentava muito na vida de uma pessoa. Mas essa é a sina da vida: nascer, estudar, crescer, estudar, crescer, estudar, trabalhar, reproduzir e morrer. Maldito ciclo. Profundo tédio. Se ao menos houvesse mais tempo para o videogame, para a Internet e para a TV, a vida seria mais suportável...

Era mais ou menos nesses termos que Hélio refletia naquela ocasião em que os gritos de sua mãe chegavam aos seus ouvidos.

***

Foi justamente no dia do seu aniversário que, ao acordar, fazendo um balanço quase inconsciente de sua vida e do universo em que estava mergulhado, veio-lhe à mente a ideia de que nascera em um mundo de pernas para o ar. Como pode ser possível que ele, Hélio, e milhões de outras pessoas (quem sabe bilhões... *quantas pessoas mesmo há no mundo?*), entre crianças, jovens e até marmanjos pra lá dos vinte e tantos anos de idade, dediquem tantas horas de suas vidas aos estudos? E não só dispendem nisso boa parte de suas energias, mas muitos ainda pagam para poderem frequentar a escola! Pagar para sofrer... Que absurdo. Até compreendia que seu pai acordasse cedo, de segunda a sábado, e saísse todo engravatado para passar o dia inteiro dentro de um escritório, sem luz natural, sem videogame, sem TV, com um computador que só sabia apresentar na tela fileiras intermináveis de números e e-mails cheios de problemas a serem resolvidos. Devia ser realmente muito chato, mas tudo bem, seu pai ganhava dinheiro com aquele trabalho monótono. Graças ao trabalho do seu pai, não faltava comida na mesa, tinha com que se vestir, podia viajar no Carnaval e... podia ir à escola. Gastar dinheiro com escola! Para que gastar dinheiro com isso?

Ainda sentado na cama, Hélio sentiu aquele mal-estar próprio de quando nos lembramos de algo desagradável. Enfim, temendo estragar seu aniversário já logo pela manhã, afastou todos esses pensamentos e começou a se arrumar para ir à aula, concentrando-se no novo jogo de videogame que seu pai lhe prometera dar pelos seus 15 anos – assim que voltasse da escola poderia estrear o presente.

***

As aulas haviam começado fazia dois dias. Hélio não sabia bem o porquê, mas era uma semana depois da maioria das outras escolas. Sorte dele, sobre isso ele não questionaria. Naquela quarta-feira, seria a primeira vez que teria uma aula de Química. Acabara de ingressar no ensino médio. Muitos dos seus colegas de classe já haviam tido um primeiro contato com a Química no ano anterior, nas aulas de Ciências, mas o colégio em que Hélio estudava antes era ruim de dar dó e, tanto pelas muitas faltas do professor quanto pelo pouco rendimento das aulas, de tão endiabrados que eram os alunos, o máximo que pôde aprender foi alguns conceitos ultrabásicos de Física. Pelos boatos que corriam, provenientes dos alunos que já haviam passado pelo primeiro ano e, principalmente, dos repetentes, Química era uma disciplina insuportável, muito, muito chata, absolutamente incompreensível, difícil que só ela. Belo presente de aniversário. Para piorar a situação, seria a última aula do dia. Passaria a manhã toda com aquele mal-estar frente ao sofrimento que se aproximava.

CAPÍTULO DOIS

Hélio, sendo um garoto cujo forte não era propriamente o estudo, estava mais do que acostumado a reclamar diante de tudo que exigisse algum esforço intelectual. A cada aula do dia, invariavelmente, bastava entrar o professor, fazia cara de quem estava com dor de barriga, seguido de biquinho de menino chato mimado. Era sempre assim, desde o *fundamental I*. Nem mais ele próprio se dava conta de suas micagens. Se fosse possível dizer algo que lhe motivava, injetando-lhe combustível para o seu viver, esse algo era uma telinha luminosa, qualquer que fosse. Com suas bugigangas eletrônicas, transportava-se para longe deste mundo. Deste mundo monótono e contaminado com escolas, professores e livros.

É verdade que também gostava de desenhar, mas não tinha imaginação. Quando criança, pintava, coloria e rabiscava os livrinhos infantis, mas, com o passar dos anos, sua mente não recebeu incentivo no quesito criatividade: não era um bom observador do mundo ao seu redor, não lia livros, não arquitetava sonhos para sua vida. Tudo o que sabia fazer era copiar figuras que via na Internet e personagens dos jogos de videogame. Pensando bem, era imaginativo para uma única coisa: desenhar os professores, fantasiando detalhes que considerava característicos de cada um. Uma vez, enforcou sua professora de Geografia: desenhou-a pendurada por uma corda, pensando que assim sua voz rouca e irritante ficaria mais bem adequada nesta nova situação. Em outra ocasião, deixou seu professor de Gramática com as mãos algemadas e com um pé preso a uma bola de ferro, daquelas mostradas nos filmes para imobilizar os condenados em campos de trabalho forçado; isso porque o professor tinha a fama de ficar estático na frente da sala, dando suas explicações sem fazer qualquer movimento, fora os lábios que se moviam freneticamente e sem descanso. Quando era para caricaturar um professor, Hélio era mestre. Mesmo sem muita imaginação, desenhava durante as aulas, ao menos para "abafar" os professores e a enxurrada de informações inúteis.

***

Última aula do dia: Química.

Expectativa máxima. Aflição infinita. Coração disparado. Prenúncio de desgraça iminente. Hélio estava perdido em pensamentos. Melhor dito, estava desesperado em meio a seus devaneios. Começaria imediatamente a contagem regressiva para se ver livre dessa desgraça três anos mais tarde, quando acabasse o ensino médio (três anos se, milagrosamente, não reprovasse durante o percurso). De um momento para outro, a algazarra reinante na sala de aula transformou-se em silêncio profundo. Um ser de outro planeta estava postado na frente da classe, emoldurado pelo quadro-negro. Como havia entrado? Talvez tivesse *aparatado*, como que teletransportado, mas sem o característico *clack* – o estalo – das histórias do Harry Potter.

Passado o susto inicial, Hélio caiu na gargalhada. Era exatamente como havia imaginado: o professor (só podia ser, o professor de Química) era um magricela de óculos, velho, meio careca, sem charme nenhum, com um bigodinho ridículo, vestindo um avental sujo, com um olhar distante, perdido no infinito, sem coragem ou sem vontade de olhar nos olhos dos alunos, interação nula com a turma, simpatia zero. Um autêntico alquimista dos tempos medievais. Antes de cair na risada, procurou reparar se o Alquimista babava. Porém, diante da gargalhada de Hélio, o professor não se deu por apático, encarou o menino nos olhos e, furioso, vermelho como uma lagosta, exigiu-lhe silêncio e, pior, chamou-o para se sentar na primeira carteira, onde seria o "aluno voluntário" para ajudar nos experimentos malucos que o Alquimista disse que faria nesta sua aula inaugural. Mas, naquele dia, o professor só ficou com um papo mole. Hélio viajou a aula inteira. Seus pensamentos permaneceram a anos-luz de distância.

Seria uma aula perfeita para se ocupar desenhando e, sem dúvida, o professor era um modelo enormemente inspirador. Mas, na primeira aula da disciplina, bem debaixo dos bigodes do professor, não ousaria.

Tocou o sinal. Todo mundo foi embora, e o professor não tinha feito porcaria de experimento nenhum. Em certo sentido, Hélio saiu da aula satisfeito consigo mesmo, pois tudo se encaixava nos seus moldes mentais: Química era, de fato, a matéria mais asquerosa, incompreensível e infernal que alguma mente nebulosa ousou um dia inventar, com professores descendentes de seres que aterrissaram séculos atrás no nosso planeta, vindos de um mundo negro e distorcido, cujos habitantes não tinham o mais remoto conhecimento dos prazeres que encerram a vida dos adolescentes terráqueos.

CAPÍTULO TRÊS

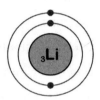

Litros de lágrimas seriam derramados se Hélio fosse dado a sentimentalismos. Mas, mesmo sem derramamento de lágrimas, a quarta-feira que coroava seu 15º ano de vida foi, para ele, um dia triste e deprimente. Que infelicidade: nascera exatamente 15 anos e zero dias antes da primeira aula de Química de sua vida. Não sabia ao certo, mas seria capaz de apostar, acreditando em uma sádica ironia do destino, que viera à luz às 11h40 da manhã, horário em que tivera a primeira e tétrica visão do Alquimista. Um símbolo. Uma insígnia. Esse velho de avental encardido era um missionário – uma espécie de enviado das trevas para trazer medo e sombras a uma alma cândida que mal eclodira do ovo, inocente e despreparada para os perigos da vida.

***

Dia seguinte, quinta-feira: mais uma aula de Química. Engano! Seriam *duas* aulas, seguidas!

Martírio.

Em casa, Hélio folheara o livro adotado, de capa amarela cor de vômito, e teve uma sensação nauseante depois de virar quatro ou cinco páginas. Fechou rapidamente o livro, com a agilidade que fecharia um frasco contendo uma aranha preparada para saltar em seu pescoço.

Agora, 10h50 da quinta-feira, já estava na sala de aula, diante do mesmo livro, sofrendo antecipadamente, como um preso num campo de concentração na expectativa de possíveis torturas que os carrascos poderiam infligir-lhe a qualquer momento. O professor está bem diante dos seus olhos, a dois metros apenas, e as ferramentas de tortura estão preparadas: o livro sobre a carteira, o quadro-negro, os pedaços de giz em suas diversas cores. Um *ham-ham* gutural, proveniente das cordas vocais do professor, chegava a seus ouvidos. Um cutelo invisível estava preparado, afiado, firmemente empunhado. A voz rouca, transmissora de palavras sinistras, penetraria cortante nos tímpanos de Hélio, no seu segundo dia de agonia. O mundo rodopiava. O céu caía, o chão tremia. *Ó doce morte, leve-me, hoje mesmo, carregue-me, se possível ontem, porque hoje é tarde, basta de suplício, abrevie meu viver; leve-me, senão hoje, ontem; se não ontem, ainda antes; engula-me, aniquile-me, não me abandone aqui, escuta-me, doce fim.* Saiu de seu devaneio: o professor olhava-o diretamente nos olhos a 30 centímetros de distância.

– Meu rapaz, v-você ouviu que pedi para abrir o livro na página d-doze?

Hélio não podia acreditar: não bastava toda a coleção de aberrações identificadas no dia anterior, o professor também era gago! Na primeira aula, estava tão imensamente avoado que não reparara nesse "detalhe". Mas já devia ter imaginado. A gagueira parece ser algo intrínseco às pessoas antipáticas. Mas não só a gagueira, podia apostar que aquele professor era coxo e, quem sabe, tinha um dente de ouro ou um olho de vidro. Um verdadeiro monstro.

***

A aula naquela quinta-feira transcorreu da pior maneira possível, como era de se esperar. Sem grandes novidades. Hélio não entendeu absolutamente nada do que o professor disse naqueles intermináveis 140 minutos de verborreia desconexa, e as perspectivas futuras eram das piores possíveis.

CAPÍTULO QUATRO

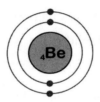

Besteira seria dizer que a sexta-feira prenunciava um dia feliz. Sendo a primeira semana de aula, não haveria Química naquele dia, substituída por uma atividade recreativa com todos os alunos do ensino médio. Mas isso duraria apenas o tempo de duas aulas: Química (pela graça de Deus!) e História. Porém, as outras aulas aconteceriam normalmente, de maneira que Hélio teria uma manhã, no mínimo, chata. Não uma manhã insuportável, caso fosse mantida a aula de Química. Mas, sem dúvida, seria (de fato foi) uma manhã chata.

Hélio não gostava de matéria nenhuma. Química era um caso à parte, porque não era somente certa hostilidade ou uma compreensível reserva que tinha para com essa Ciência. Era a mais completa e absoluta aversão, profundo asco, verdadeiro ódio.

Qualquer pessoa de bom senso reconheceria que tal atitude

diante de uma simples disciplina escolar era tremendamente exagerada para um garoto de 15 anos, mas, a verdade, é que o encontro com a Química causou um efeito destruidor no íntimo desse rapaz. Profundamente romântico: ódio à primeira vista. Álvares de Azevedo teria inveja de um coração assim tão destroçado. Mas, no caso de Hélio, a explicação é simples – após o primeiro contato com a Química, ficou traumatizado pela figura do professor (distante, feio, besta, gago) e pelo imaginário infantil que, de tanto ouvir dizer que a matéria era difícil, acabou por acreditar, e levantou uma barreira mental quase intransponível para enfrentar o desconhecido.

***

Nas primeiras aulas de Química, Hélio não entendia absolutamente nada e, quanto menos entendia, menos queria entender. Agora, todas as suas energias estavam concentradas em pensar como engabelar o professor nas tarefas que fossem pedidas e de que estratagema lançaria mão para colar nas provas, porque, aprender aquilo, estava fora de questão.

A primeira prova foi aplicada no final da segunda semana de aula, mal passado o Carnaval. Acabou a prova com a certeza do resultado: zero. O professor era terrível. Armou um esquema maluco para que ninguém colasse. Estava perdido, talvez o suicídio não fosse uma má ideia, mas, isso ele sabia, era coisa do mal, nem pensar. Que ideia de jumento. Mas o que fazer? Quais as chances de combater as leis da vida? Sabia que não conseguiria ir contra a lei da gravidade, mesmo se quisesse; sabia que não seria capaz de entrar em uma caixa de fósforos, por mais que se esforçasse; sabia que não daria conta de beber toda a água do rio Amazonas, mesmo que estivesse morrendo de sede. Da mesma maneira, sabia que não conseguiria entender a Química, a não ser que tentasse nascer de novo, tendo sorte de sair mais inteligente. Mas essa possibilidade parece que não existia.

Em casa, resolveu abrir o livro de Química. Talvez, alguma força sobrenatural o conduzisse a essa atitude insana, porque estava certo, absolutamente seguro, de que não entenderia nada do que fosse ler naquele livro dos demônios. O livro começava (na página 10, depois do prefácio e das páginas com a interminável listagem de capítulos, subcapítulos, textos complementares e outros diabos contidos no índice) diferenciando reações químicas de processos físicos. Ao ler a palavra "química", seu estômago virou. Fechou o livro e foi beber um copo de chá. Sentou-se no sofá e começou a mudar os canais da TV, que já estava ligada, falando sozinha fazia já um bom tempo. Caiu no sono. Depois de uns 15 minutos, acordou sobressaltado, com uma estranha sensação de que era o dia de sua execução e o pelotão de fuzilamento já estava posicionado, esperando que ele fosse até a mesa de estudo para ser sumariamente alvejado. Mais uma vez, alguma força do além o impeliu ao cadafalso (segundo seu professor de História, era esse o nome do local onde os condenados, aos olhos de todos, sofriam a pena de morte): sentou-se à mesa e abriu o livro, desta vez, na quarta página, final do prefácio. Seu olhar recaiu em uma palavra que lhe chamou muito a atenção: divertida. Sim, a palavra era justamente o adjetivo "divertida", deste jeito, no feminino, e, para sua surpresa e desconcerto, aplicava-se ao substantivo "química". Pensou imediatamente que devia se tratar de alguma *firula* de linguagem (lembrou-se de como ficou furiosa sua professora de Gramática quando um colega falou assim, *firula de linguagem*, na aula de "figuras de linguagem"). Sabe-se Deus qual seria essa figura de linguagem, mas sua característica seria dar um qualificativo antagônico, absurdo, a determinado substantivo. Algo do tipo "Sol negro" ou "fogo frio" ou "pena pesada" ou até mesmo "jiló gostoso". Sim, "química divertida" seria sem dúvida o representante máximo dessa figura de linguagem. Porém, contra todas as expectativas, um hálito de sensatez perpassou seu espírito e ele considerou a remota, mas real, possibilidade daquilo não ser essa tal frescura de linguagem, simplesmente porque não teria sentido uma coisa dessas no prefácio de um livro de Química. Parecia que o autor do livro realmente acreditava naquilo (ou escrevera só por uma questão de *marketing*?): "o objetivo deste livro é tornar mais fácil, eficiente e prazeroso o ensino e o aprendizado da fantástica e divertida Ciência que é a Química" – tal qual estava escrito no livro de capa amarela, cor de vômito.

***

Talvez Hélio não estivesse em perfeito uso de suas faculdades mentais – sexta-feira à tarde e ele preocupado com seus estudos. Nunca acontecera isso antes.

À noite, sairia com a família para um jantar na casa de um casal que há muito tempo seus pais desejavam visitar. Não tinham filhos, mas eram ricos. Sem dúvida a comida seria boa – valia a pena criar expectativas.

CAPÍTULO CINCO

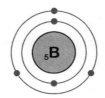

Batata frita, batata assada e batata grelhada, além de uma infinidade de tipos de massas, carnes, molhos, doces e frutas. O cardápio foi vastíssimo. Já eram 11h15 da noite de sexta-feira e a família de Hélio voltava para casa após esse farto, e também agradável, jantar na casa rica do casal de amigos.

Assim que pararam com o carro na frente da casa, aguardando a abertura do portão eletrônico, assustaram-se com uma voz gutural e abafada seguida de uma rápida batida no vidro do veículo.

– Seguinte, vai entrando com o carro. Silêncio todo mundo! V*amo, vamo*!

Um vulto encapuzado estava parado, bem à vista dos 10 olhinhos arregalados no interior do carro, apontando uma arma diretamente para a cabeça do Sr. Roberto, pai do Hélio.

Numa fração de segundo, Hélio se deu conta do que estava acontecendo e teve a sensação de todo o sangue do cocuruto de sua cabeça descer, escoando gelado por suas veias, passando pelo fundo dos olhos, fazendo formigar sua bochecha, tensionar seu pescoço, estremecer seu peito. O coração quase parou antes de, repentinamente, dois segundos depois, disparar enlouquecidamente, enquanto sua cabeça dava uns mil giros até se convencer de que o que via era verdade.

Assustado, o pai obedeceu às ordens, avançando o carro para dentro da casa, parando-o na garagem com uma freada brusca, incontrolada. Antes de desligar o automóvel, percebeu a presença de mais dois homens, também encapuzados, que haviam entrado acompanhando o carro pelo outro extremo do portão.

Perplexos e trêmulos, acuados pelas pistolas dos três bandidos, todos foram forçados a sair rapidamente do automóvel e se juntar à entrada da casa, enquanto o Sr. Roberto tentava controlar suas mãos para pegar a chave e abrir a porta.

Completamente atordoado, Hélio viu-se conduzido, juntamente com sua mãe e os dois irmãos, ao banheiro contíguo à sala de estar, normalmente utilizado como simples lavabo. O espaço era minúsculo para quatro pessoas, mas foi lá que foram enxotados e, com a porta fechada, ouviram uma chave girar na fechadura pelo lado de fora, deixando-os trancados e, como se pode imaginar, apavorados.

O pai estava em posse dos outros assaltantes, para que os conduzissem pela casa em busca de dinheiro e objetos de valor.

Do interior do banheiro, podia-se ouvir perfeitamente a respiração do bandido que vigiava à porta. Nessas ocasiões, não são só os assaltados que ficam tensos. Os assaltantes também passam um mau bocado, com os nervos à flor da pele, com medo de que algo possa dar errado e tenham que arcar com as consequências de seus atos. Não é à toa que a respiração do homem que guardava a porta do banheiro era alta e irregular.

Não foi necessário muito tempo para, de dentro do banheiro, ouvirem um vozerio na cozinha, com certeza depois de a bandidagem já ter feito uma limpa no dinheiro e nas joias da família.

– Uma *ceva* pra comemorar! – disse uma voz aguda e um pouco trêmula (dava a impressão de ser a voz insegura de um "aprendiz de assaltante").

É o que costuma acontecer. Os mais covardes, para provarem a si mesmos que são valentões, fazem coisas que um profissional da área do roubo não veria necessidade de fazer, como ameaçar a vítima sem que ela apresente riscos, bater em pessoas fracas e já imobilizadas, destruir objetos de valor por puro vandalismo ou... abrir uma cerveja geladinha encontrada na cozinha, só para mostrar que está com a situação dominada. Mas é irônico ver como esses patetas metem os pés pelas mãos quando já poderiam sair da situação com o objetivo cumprido (dinheiro na mão, polícia à distância). Neste caso, o aprendiz de assaltante, em meio à emoção do momento, deixou a garrafa escorregar. Sem conseguir amortecer o choque, viu-a espatifar na quina da pia. Quando se deu conta do que havia acontecido, seu braço estava sangrando, resultado de um caco assassino que saiu voando exatamente em direção à única região do corpo desprotegida, entre a luva e a manga da jaqueta (ambas muito curtas para um grandalhão daqueles).

Não passou nem um minuto entre o barulho da garrafa estilhaçando e o silêncio absoluto na casa. Esse silêncio foi logo quebrado pelos passos rápidos do Sr. Roberto aproximando-se do banheiro. Enquanto pegava no bolso seu celular para chamar a polícia, destrancou a família, que saiu dali banhada em suor, não tanto pelo calor, mas pela tensão do momento.

Já havia selecionado a opção "polícia" após ter apertado o botão "chamadas de emergência" do celular. Enquanto aguardava que alguém atendesse do outro lado da linha, o Sr. Roberto observava os rostos tensos de sua esposa e seus três filhos. O telefone continuava chamando, com seu *tuuuu* monótono e intermitente, indiferente ao estado de espírito da família Veiga, visivelmente abalada. Pensando bem, melhor seria dar-lhes tempo para se recomporem, a sós. Desligou o telefone! Daria queixa na polícia no dia seguinte, simplesmente tomando a precaução de trancar a cozinha. Não quis fornecer detalhes aos filhos a respeito do que os assaltantes fizeram ou disseram durante sua permanência no banheiro, limitando-se a tranquilizá-los dizendo que os bandidos haviam roubado pouca coisa e seria importante que eles, os filhos, tentassem descansar durante aquela noite, pois estava seguro de que nada de ruim voltaria a acontecer.

***

Sábado, após um rápido café da manhã fornecido pela *Panificadora Pães Adoidado*, com seu tradicional serviço de entrega em domicílio, o Sr. Roberto foi à delegacia. Cerca de uma hora mais tarde, voltou na companhia do delegado Amauri Pedroso. Era verdade que, com a agitação da fuga na noite anterior, precipitada pelo acidente do idiota aprendiz, a perda material da família não foi grande, mas o delegado estava com um especial interesse no caso, porque, segundo ele, aquela ocorrência fazia parte de uma sequência de assaltos com características bastante parecidas que vinha ocorrendo desde o início do ano naquela região da cidade, inclusive com uma morte em um dos casos.

Entraram na cozinha, que estava uma lambança só. Havia cacos de vidro por todo o lado, cerveja melecando as paredes, a pia e o chão.

Segundo o Sr. Roberto, que descreveu a ocorrência ao delegado da melhor maneira possível, o assaltante que se machucou – o grandalhão de voz aguda – limpou o sangue que escorreu do seu braço com uma toalha que estava sobre a pia, levando-a consigo. Até que esse serviço ele fez direitinho: não se via vestígios de sangue em lugar algum, e as únicas marcas deixadas pelos assaltantes eram as pegadas das botas sobre a cerveja escorrida no chão.

Assim que ouviu falar de sangue, o delegado "desembainhou" o celular.

– Alô, Fred!? Você poderia dar um pulo aqui na rua Marechal Deodoro, 238? Traga seu *kit*. Até já! – curto e grosso, o delegado quase não deu tempo para o tal do Fred, do outro lado da linha, responder qualquer coisa.

CAPÍTULO SEIS

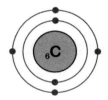

Cadê o Fred? Após ser contatado, o perito criminal não apareceu na casa de Hélio. Deixou a família esperando, ansiosa, na presença de um delegado impaciente, com cara de poucos amigos. Onde estaria o perito que não chegava? Depois de quase uma hora de espera e mal-estar (também porque as circunstâncias de um assalto não deixam ninguém de bom humor), tocou o telefone do delegado – era o Fred. Dizia que, dirigindo-se à rua Marechal Deodoro, a meio caminho do destino, seu carro passara em um buraco no asfalto, profundo como um precipício, quebrando o eixo do veículo... Lá estava ele, parado, esperando o guincho! A vistoria no local do crime teria que ficar para a tarde, por volta das quatro horas. "Até mais tarde e bom dia", para quem for capaz de considerar o dia bom em meio a tantos bandidos e buracos!

A pedido do delegado, a cozinha – local do crime – deveria

permanecer intocada ainda por mais algumas horas. Naquela tarde, até a chegada de Fred, ninguém entrou lá e nada saiu de lá, exceto os vapores alcoólicos de cerveja que continuavam infestando todos os ambientes da casa.

O delegado, por sua vez, aproveitou a brecha para provar a famosa moqueca de camarão na *Casa da Moqueca*, a apenas dois quarteirões dali.

***

Quando Fred chegou – pontualmente, às quatro horas da tarde – para averiguar as marcas do crime, o delegado já estava de volta na casa. Hélio, nesse momento, espiava pela porta de seu quarto no andar superior. Lá de cima, podia-se ter uma visão – um pouco distante, mas clara – da cozinha logo abaixo. Não pudera ouvir a conversa entre seu pai, o delegado e o homem recém-chegado (o Fred), mas vira algo que o deixou abismado. Fred borrifou não se sabe o quê na pia da cozinha e, a seguir, apagou a luz do cômodo, que permaneceu levemente iluminado apenas pelos poucos raios da luz do Sol (o dia estava nublado) que conseguiam se esgueirar pela janela. Rapidamente, o perito fechou a veneziana, deixando a cozinha em quase completa escuridão. Assim, Hélio reparou em um brilho azulado em algumas partes da pia. Era um azul magnífico, soberbo. Extremamente curioso. Absolutamente intrigante.

Mas Hélio era um paspalho. Mesmo momentaneamente impressionado com o que vira, minutos depois já estava desimpressionado de tudo, vidrado unicamente na batalha contra os extraterrestres que travava no seu mundo paralelo, comandada por um *joystick* sem fio. É certo que, nem se quisesse, o menino não poderia acompanhar o trabalho do perito além do momento em que surgiram as manchas brilhantes na pia. Quando dona Yolanda percebeu que o filho via tudo do interior do seu quarto, a mulher, sem dar tempo para nada, subiu as escadas e fechou a porta na cara do filho, tirando-lhe de vez a visão do que acontecia na cozinha, como se lá embaixo estivesse o Capitão Nascimento tentando conter uma gangue de delinquentes armados.

***

"A polícia prendeu hoje quatro suspeitos pelos assaltos que aconteceram na região sul de Platópolis nessas últimas semanas. Três homens e uma mulher foram detidos ao saírem de uma falsa empresa que, supostamente, vendia acessórios para computadores no bairro Jardim Arapuã. O chefe da polícia, capitão Jorge Henrique Araújo, em entrevista exclusiva à Rede Moinho, declarou que foi possível coletar vestígios de sangue em uma das casas assaltadas. Provavelmente o sangue pertence a Ricardo Nogueira dos Santos, o Ricardinho Boca-Suja, que teria se cortado durante uma ação criminosa na última sexta-feira. Exames de DNA poderão comprovar se o sangue encontrado na casa realmente pertence a Ricardo, confirmando a suspeita da polícia sobre a quadrilha."

Hélio ficou espantado ao ouvir o noticiário, com uma segura convicção de que o suspeito, dono do DNA em questão, era o mesmo que havia se cortado com a garrafa de cerveja em sua própria casa, seis dias antes. Incrível! A quadrilha havia sido presa. Na mesma reportagem, entrevistavam um homem com rosto esfumaçado e voz de Darth Vader. Interessante a ética das emissoras de televisão, preservam a identidade do entrevistado e, em muitos casos, escondem as próprias informações fornecidas por ele, porque é impossível ao telespectador entender aquela voz distorcida, tenebrosa. Foi este o caso – Hélio não compreendeu uma palavra sequer. Nenhuma, nem *umazinha*!

Que mulher seria essa que foi encontrada com os outros três suspeitos? Vai ver que era a secretária do bando, passando o dia no escritório (atendendo ligações, tirando cópias de documentos, dizendo aos clientes ligarem mais tarde porque o sistema estava fora do ar, etc.), enquanto os machões iam fazendo a limpa nas casas, diariamente, das 22h às 24h, incluindo domingos e feriados. Serviço sério; rotina puxada.

Piada tudo isso. Mas o importante é que, ao que parecia, os assaltantes que há pouco menos de uma semana haviam causado tantos transtornos à família Veiga, estavam agora atrás das grades. Bastava aguardar mais uns dias e esse teste do DNA anunciaria, em altos brados, se os fulanos suspeitos eram os reais culpados.

CAPÍTULO SETE

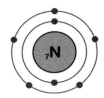

Na mosca! Hélio não era uma negação absoluta: na saída da prova de Química, prenunciou a nota que tiraria e acertou em cheio. Claro, não poderia ter sido diferente, já que deixara a prova em branco, do começo ao fim, a não ser pelo nome, série e data no cabeçalho. Dessa maneira, o professor não teve nenhuma dificuldade para corrigi-la. Hélio se lamentava por ter dado esse gostinho ao Alquimista, poupando-lhe qualquer trabalho. Que sorriso macabro deve ter dado aquele demônio sádico ao escrever a nota; bola vírgula bola, reforçando a humilhação dentro dos parênteses – 0,0 (zero)!

Vai ver que era essa a motivação para os professores serem professores: o prazer de ferrar com os alunos. Bela vantagem para uma profissão! Porque, de resto, é tudo de ruim, como confirmam todos os adultos quando se referem a essa raça: é uma classe de gente que ganha mal pra burro. Não bastasse isso, os professores são cada vez menos respeitados pelos alunos (a mãe de Hélio sempre dizia que, no seu tempo, os estudantes pediam permissão ao professor para qualquer intervenção em sala, que o respeito ao mestre era absoluto e a profissão era imensamente valorizada – ou ela não sabia o que estava dizendo ou as coisas mudaram bastante) e, além disso, os professores sempre estão repetindo as mesmas coisas, ano após ano, sem qualquer resultado significativo (o que adianta, por exemplo, explicar a diferença entre esclerênquima e parênquima, ou comentar tintim por tintim a guerra do Peloponeso, se, passados alguns meses, todo esse "arsenal de conhecimento" é descartado, encarado simplesmente como um bolo de cartas de um jogo de memória, abandonado em favor de jogos mais interessantes?). Mas tudo isso devia ser recompensado pelo prazer de estraçalhar os alunos, dando-lhes notas baixas. Sorte do Alquimista que devia ter esse contentamento habitualmente. Naquela prova, outros quatro alunos tiraram o mesmo zero de Hélio – 0,0 (zero)!

Um forte desejo de vingança aflorou no coração do rapaz. Faria aquele professor maldito se arrepender de um dia ter resolvido ser professor. Faria algo, qualquer coisa, que levasse o Alquimista a suplicar aos céus que lhe concedesse a dita de ser levado deste mundo.

***

"Há algo de podre no reino da Dinamarca". Sabe-se lá o contexto em que Hamlet disse essa frase, mas deve se encaixar aqui: há qualquer coisa de errado no mundo, as peças não se encaixam. Há algo de desconexo. Se Deus existe, a Química não deveria existir. O problema é que a Química existe. Hélio sentia seus influxos maus, seus vapores nocivos, suas consequências perversas. Zero na prova; castigo em casa; problemas sem fim. Seria essa uma comprovação da inexistência de Deus? Ou a existência do mal não seria justamente a garantia da existência do bem? Qualquer filme, jogo ou o que for, sempre que tem um bandido, tem também o mocinho. Não dá para imaginar o Coringa sem o Batman! Mas até que o Coringa é gente boa, um doce de coco, se comparado com a Química.

Na mente de Hélio, a Química era o mal por excelência! Valia até uma correção da primeira letra. Mal! Com maiúscula. E o Alquimista, nessa brincadeira, era um digno servidor do Mal. A título de analogia, para quem tem noção das histórias da Rowling ou do Tolkien, caberia compará-lo a um Dementador ou a um Nazgûl, só que pior, com sentimentos não tão meigos.

Difícil descrever um indivíduo assim tão medonho. Difícil mesmo é representar uma criatura desse calibre. Mas, talvez fosse possível rascunhar algo. Uns círculos de fundo, traçados a lápis, com leveza, para garantir as proporções devidas, alguns riscos, também fracos, para delimitar a figura, traços mais fortes, sobre as linhas de construção, já plasmando as formas finais. A tinta entra em ação nos contornos definitivos, com risquinhos entrelaçados para dar relevo. Um estremecimento na espinha do artista para simbolizar a relação de profunda animosidade entre o desenhista e o desenhado. Pronto, *ecce diabolus*! O próprio anticristo. Ah, se Nietzsche o tivesse conhecido! Aí sim, teria um protótipo adequado para seus escritos.

Ha, ha! A galera vai pirar com esse desenho!

Hélio passou as costas da mão direita sobre o papel, retirando os últimos vestígios de farelo de borracha, colocando-o a seguir em sua pasta vermelha.

***

Hélio esperou a aula certa para circular o desenho. O papel foi passando de mão em mão, discretamente, enquanto o Alquimista infestava a sala de aula com sua fala maçante. Rosto por rosto, a feição de curiosidade dos alunos transformava-se em um sorriso maroto assim que os olhos recaíam sobre a figura do professor fixada sobre o papel.

A Bíblia tem razão: os filhos das trevas são mais astutos que os filhos da luz. Não demorou para que o professor suspeitasse que algo de podre estava reinando em sua aula, mesmo tão longe da Dinamarca. Mas Hélio também estava de sobreaviso, e rapidamente tomou o papel das mãos de Murilo, dobrando-o em dois, em quatro, em oito, em dezesseis, em trinta e dois, em sessenta e quatro... reduzindo o desenho a quase uma bolinha de papel. Disfarçadamente, com uma carinha de anjo inocente, Hélio deixou-o dobrado sobre sua carteira, ao lado do estojo. Mas eis que o Zé Formiga – o suprassumo do hiperativo com distúrbio de déficit de atenção e com contínuas manifestações de um transtorno obsessivo compulsivo – esticou-se em direção à carteira de Hélio – enquanto o Alquimista, de costas para a turma, escrevia no quadro a reação da decomposição do dicromato de amônio – e deu um forte peteleco no papel dobrado, arremessando-o com tudo na direção do professor. Se fosse uma ficção, o papel teria batido certeiro na nuca do pobre diabo. Mas, na vida real, nem sempre as tragédias são tão perfeitas. Na verdade, o papel passou zunindo perto da orelha do Alquimista, ricocheteando no quadro com um *tum* surdo antes de cair no chão, rolando desajeitadamente, como se pode esperar de uma "bola quadrada", até parar completamente a dois metros dos pés do professor. Desde que Hélio percebeu o movimento suspeito do Zé Formiga até sua obra de arte acabar aos pés de seu próprio modelo não demorou mais de três segundos, mas tudo pareceu ter acontecido em câmera lenta, como o Tom Cruise sendo baleado sobre seu cavalo a galope, caindo como um saco de batatas sobre a terra batida, rolando lentamente em meio à poeira que se levanta, até acabar morto, imóvel, sob o olhar atônito de suas fãs mais fanáticas.

O professor interrompeu imediatamente a equação que estivera a ponto de concluir no quadro. Abaixou-se tranquilamente e pegou o papel. Enquanto desdobrava, fez-se um silêncio nunca visto antes. Um silêncio profundo que ressoou na escola inteira, fez vibrar a cidade toda, gerou um vazio aterrador que se propagou até os confins do Universo.

Parado, com as feições imóveis, o professor observava sua própria caricatura. Não teria dúvida sobre a autoria do desenho, e Hélio sabia disso. Todos os rostos se voltaram, lentamente, na direção daquela bola vermelha suada, sustentada por um pescoço enrijecido – Hélio estava rubro ao extremo. O professor, agora pasmo, continuava estático, com os olhos fixos no papel. Sem dúvida, estava juntando fôlego para, de uma só vez, expelir da boca fogo suficiente para reduzir a pó até os objetos menos inflamáveis daquela sala.

Mas não, o Alquimista reservaria a vingança fatal para outro momento. Talvez, porque, assim, pudesse cuidar melhor dos detalhes de um castigo mais requintado. Seria piedade grande demais simplesmente fulminar o garoto rebelde, sem lhe dar tempo para saborear o sofrimento.

Aquele professor era cheio dos truques. Com as orelhas levemente coradas, esboçou um risinho forçado e, com as mãos quase imperceptivelmente trêmulas, dobrou o papel em quatro partes, colocando-o no bolso do avental.

Diante da reação do professor, o ar – solidificado por alguns instantes – voltou a fluir pelos 68 pulmões presentes na sala de aula (lembrando que são dois pulmões *per capita*, ou melhor, por peito). Os murmúrios fizeram-se ouvir aos poucos, os ouvidos de Hélio pararam de apitar e, minimamente recomposto de sua consternação, pôde ouvir da boca do professor:

– Vocês me dão licença, pessoal, que eu volto logo.

Disse isso já saindo da sala.

Os alunos ficaram olhando um para a cara do outro, sem saber direito o que dizer. A opinião quase unânime é de que estavam fritos. A opinião unânime é de que *Hélio* estava frito.

Menos de dois minutos se passaram até o professor voltar. Entrou com uma expressão descontente e continuou a aula, um pouco ofegante. Dez minutos depois, a aula se desenvolvia normalmente, como se nada tivesse acontecido. De qualquer maneira, o Alquimista encerrou o expediente faltando ainda alguns minutos para tocar o sinal. Saiu antes de todos da sala, despedindo-se com um "tchau" distante e quase inaudível.

CAPÍTULO OITO

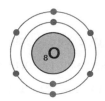

Os pais de Hélio chegaram à escola no final da tarde. Haviam sido chamados para uma conversa séria com o diretor. Foram recebidos imediatamente e o papo foi rápido, sem delongas desnecessárias. Resultado: o menino ficaria suspenso das aulas por quatro dias – quinta, sexta, segunda e terça-feira. Mas, mesmo suspenso, teria que ir à escola na sexta-feira para fazer as provas que estavam agendadas para aquela manhã: Química e Biologia.

À noite, em casa, o tempo fechou para o lado de Hélio. O Sr. Roberto explodiu, descarregando sobre o filho um sermão de apavorar. O menino ficou vidrado, olhando para o pai, tremendo que nem vara verde, recuando cada vez mais para um canto da cozinha, diminuindo até alcançar o tamanho de um pigmeu encarado diretamente nos olhos por um Gulliver furioso. A mãe participou da discussão, aproveitando todas as brechas do pai para expressar a vergonha que sentia com a atitude do moleque. Dona Yolanda chegou à beira da histeria e, em duas ocasiões, saíram lágrimas dos seus olhos. É... o quebra-pau foi grande.

Obviamente, o menino ficou de castigo, proibido de usar o computador e a TV. Teria que passar os dias seguintes enfurnado em seu quarto, acompanhando os ponteiros do relógio avançarem com a velocidade de uma lesma com deficiência motora. Seriam dias intermináveis, sem dúvida.

***

Durante os dias em que esteve suspenso, não conseguia pensar em outra coisa que não fosse seu próprio infortúnio. Terrível! A vida poderia ser tão boa com toda a maravilhosa tecnologia do mundo moderno. Que sonho poder passar horas intermináveis fazendo o que bem entendesse. Tantos jogos legais, tantos filmes ótimos, tantos programas televisivos super benfeitos, uma infinidade de sites simpáticos para visitar. Nem todas as horas da vida de uma pessoa, mesmo que não dormisse, comesse ou fosse ao banheiro, seriam suficientes para navegar por todas as coisas interessantes que há no mundo virtual. Mas, aí, entrava a escola na vida da pessoa. Aí, entrava a Química na vida do infeliz. Aí, entrava um tal de Alquimista para sugar toda a felicidade da alma de um menino que tinha tudo para ser feliz e agora estava lá enjaulado, curtindo sua própria infelicidade, enquanto a vida, lá fora, ia passando sem lhe perguntar se queria que esperasse um pouquinho, ao menos até ele sair do castigo. Isso porque já ouvira mais de uma vez a ideia de que os anos da adolescência são os melhores anos da vida de uma pessoa. Pois é, sua adolescência estava sendo malgastada. Por que, raios, tinha que ter se deparado com essa maldita Química? O que teria feito para merecer tamanha desgraça?

Vez por outra, tinha um chilique, socava a cama, tensionava o pescoço, deformava as bochechas, beirava o choro.

Na tarde da quinta-feira, ainda transcorrendo as primeiras horas do castigo, chegou à conclusão que teria que lançar mão de algum artifício psicológico para conseguir suportar a vida ao longo dos meses vindouros. Quarta, quinta e sexta formavam o *tríduo da angústia*, começando às 11h40 da quarta e encerrando às 9h30 da sexta: início da primeira aula de Química da semana, e final da última. Assim, Hélio se propôs a evitar, com todas as suas forças, pensar em Química fora desse intervalo de três dias (que, na verdade, não somavam nem 48 horas).

Desenhou um triângulo em seu caderno, escrevendo o dia da semana em cada lado (quarta - quinta - sexta), com umas labaredas no interior do triângulo – as bordas grossas, como barras de ferro, ardentes pela ação das chamas –, e figuras diversificadas fora dele, lembrando-o o que mais amava na vida.

O objetivo do desenho, que seria contemplado com profunda compenetração nas manhãs de todas as quartas-feiras, era tomar consciência de todo o sofrimento pelo qual passaria nas horas seguintes – nos dias seguintes –, mas, ao mesmo tempo, considerar que tudo estava encerrado em um período limitado e que, sobrevivendo às chamas, sairia de dentro daquele inferno na sexta-feira, aliviado, sem Química até a próxima quarta-feira, podendo usufruir das benesses da vida. Imaginava-se como alguém que estava se afogando em um mar de fogo e, vez por outra, a intervalos regulares, pudesse subir à superfície para tomar um pouco de ar, permanecendo vivo, mesmo a duras penas, até que um dia alguém viesse salvá-lo definitivamente.

Viera ao mundo com vida. Tinha que continuar vivendo. Não seria a Química a lhe roubar esse direito.

CAPÍTULO NOVE

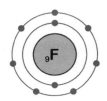

Foi só tocar o despertador na sexta-feira, e Hélio se lembrou de que teria que ir à escola fazer a tal prova de Química e Biologia. Pior que a matéria era acumulativa, ou seja, mais extensa que da primeira prova. Mas, na Química, isso não fazia a mínima diferença, porque não saber 10% ou não saber 20% de algo que não se sabe nada dá na mesma: 10% de nada é o mesmo que 20% de nada. Ao menos, tinha uma noção mínima de Matemática para fazer esse raciocínio reconfortante.

Como estava suspenso, não fez as provas com os demais alunos da sala. Chegou à escola no horário estipulado pelo coordenador – às 11h – e foi conduzido à biblioteca, onde teria uma hora e meia, nem um minuto mais, para responder o total de 12 questões das duas disciplinas. Foi a bibliotecária quem lhe entregou as duas folhas, cada uma com questões na frente e no verso, e pediu-lhe para ficar em uma mesa a poucos metros dali, para supervisioná-lo adequadamente.

Óbvio. Hélio começou respondendo as questões de Biologia. Qual o nome dos ossos que compõem os membros superiores do corpo humano? Por que o número de indivíduos geralmente diminui ao longo dos sucessivos níveis tróficos de uma cadeia alimentar? Diferencie plantas monocotiledôneas de plantas dicotiledôneas. Descreva isso. Justifique aquilo. Defina aquele outro... Vinte minutos foram suficientes para as seis questões de Biologia (duas ficaram em branco, três foram parcialmente respondidas e uma, com certeza, recebeu a resposta certa).

Chegou a hora da Química. Bastaria colocar os dados no cabeçalho e tudo estaria terminado, como na primeira prova, duas semanas antes. Mas não, desta vez não! Responderia as questões. Todas! Uma por uma, cuidadosamente, pensando bem em cada resposta. Sim, valia a pena desforrar aquele professor maldito.

Esquecendo-se completamente da descompostura recebida dos pais dois dias antes, Hélio desafiou todas as regras do bom comportamento e esmerou-se nas respostas das questões, colocando no papel as piores asneiras que alguma vez já havia passado pela mente de qualquer aluno daquela escola.

Quando Hélio terminou e levantou-se para entregar as provas, a bibliotecária o olhava boquiaberta. Com certeza tinha percebido que ele não estava levando a avaliação a sério, embora ela não tenha dito nada até aquele momento.

– Você vai entregar isso assim? – perguntou incrédula.

– Por quê? Algum problema? – Hélio retrucou, estendendo-lhe displicentemente a mão com as folhas.

– Menino grosso! – a mocinha encerrou a conversa, pegando as provas e colocando-as dentro de um envelope sobre sua mesa.

Sem esperar mais um segundo, Hélio se virou e deu no pé, como uma flecha.

Voltou de ônibus, mas não pôde demorar-se muito perambulando pelas ruas, pois sua mãe disse que o devoraria vivo se não voltasse logo para casa. Como gastou um tempo considerável para responder a prova de Química, ao contrário de sua pretensão inicial, teve que agilizar as coisas depois.

Chegou em casa morrendo de fome. Comeu a comida que a mãe já havia deixado quente nas travessas e foi para sua jaula, conforme as regras do jogo. Naqueles dias, a mãe praticamente não estava lhe dirigindo a palavra e, por isso, ela nem se deu ao trabalho de lhe perguntar como tinha se saído na prova.

No quarto, as horas foram passando entre cochilos e acessos de impaciência. Tudo dentro da normalidade.

O pior era não ter absolutamente nada para fazer. Nas prateleiras do quarto, havia alguns livros colocados lá por seus pais para incentivar no filho o gosto pela leitura. Mas o menino jamais pegara qualquer um deles, nem mesmo para folheá-los. Já era com muito custo que lia alguns capítulos dos livros indicados pela escola (raramente chegava ao final), como pensar que poderia ler algo por livre e espontânea vontade? Ainda mais estando de castigo. Nem pensar na possibilidade de passar o tempo lendo, pois correria o risco de cair em depressão profunda.

Durante o fim de semana, aproveitou para fazer umas incursões pela casa nos momentos em que seus pais estavam ausentes. Não perdeu algumas preciosas oportunidades de pegar no pé do Edu, seu irmão de 12 anos, e da Tati, sua irmã caçula, de 8 anos. No sábado à tarde, por exemplo, ouviu que o Edu estava assistindo TV na sala, e, espiando para conferir se seus pais estavam por perto, saiu de seu quarto, andando com umas passadas duras, como se marchasse. Batia palmas a cada dois passos, talvez para acenar a seu irmão sua aproximação. Chegando ao lado da TV, batucando no móvel de madeira, começou a cantar o refrão que ele sabia ser o que mais incitava a irritabilidade do irmão:

– A-TV-é-miii-nhá, a-TV-é-miii-nhá!

O Edu ficou vermelho de nervoso porque sabia que tal refrão significava que Hélio tinha a intenção de mudar de canal para assistir o que ele próprio quisesse. Mas ficou só na ameaça, porque, nesse exato momento, ouviu-se o barulho do portão eletrônico, que bem poderia significar o retorno dos pais...

No domingo, foi a vez de Hélio descarregar seus nervos na irmã. A Tati dormia toda bela e formosa no seu quarto, quando Hélio (que se levantara cedo, pois não aguentava mais ficar na cama depois daqueles dias intermináveis de castigo) chegou sorrateiramente perto dela, aproximando sua boca do ouvido da irmã. Não gritou, nem pretendeu assustar a menina. Pelo contrário, sussurrou-lhe umas palavras ditas com a doçura que somente o garoto mais carinhoso que já habitou este planeta seria capaz de se dirigir a uma irmã menor:

– Tati. Acorde, por favor. Tenho um segredo pra te contar antes que a mamãe e o papai acordem. Você precisa saber uma coisa.

A menina se mexeu, arregalando os olhos. Hélio aguardou até que ela pudesse tomar consciência do que estava acontecendo, e acrescentou:

– O papai e a mamãe não queriam que você ficasse sabendo disso, mas acho que não é justo e você precisa saber a verdade...

– O quê? – a menina perguntou, assustada mais com o olhar aflitivo de Hélio, mesmo estando o quarto praticamente às escuras, do que pelo suspense de suas palavras.

– Você não é nossa irmã de verdade. Você foi adotada! O papai e a mamãe acharam você dentro de uma lata de lixo quando você era uma bebezinha. Você estava toda suja no meio de um monte de bagaço de laranja.

A menina ficou branca e imediatamente seu rosto começou a se deformar, preparando-se para iniciar um choro que Hélio conhecia muito bem. Sorte que a preparação da menina demorou uns três segundos, tempo suficiente para Hélio se dar conta de que a baboseira que acabara de dizer poderia ter consequências graves. Consequências graves para ele próprio, claro! Então, rapidamente, tapou a boca da irmã, desmentindo tudo o que acabara de lhe dizer. Esse processo já foi um pouco mais longo e trabalhoso. Existem brincadeiras que podem custar caro. Às vezes, basta um pouco de imaginação para dizer certas mentiras, mas é necessária praticamente uma pós-graduação na arte da retórica para que a tentativa de voltar atrás tenha alguma chance de, talvez, ser bem-sucedida.

***

O fim de semana passou e na segunda-feira, em que teria que continuar na sua prisão domiciliar, foi convocado por sua mãe para ajudá-la nas compras. Não era muito fã de ficar empurrando carrinho em supermercado, mas, pelo menos nessas ocasiões, conseguia convencer a mãe a comprar algumas das guloseimas espalhadas pelas prateleiras. Além disso, não seria nada mau poder sair um pouco daquele seu quarto, cujas paredes pareciam estar se fechando cada vez mais, sufocando-o.

Para sua desgraça, a mãe foi extremamente rígida durante as compras, recusando-lhe quase tudo que pedia. Puxa, que dureza.

E, então, a prova cabal de que o Universo conspirava contra ele.

No estacionamento do supermercado, quem encontrou? Sim, o próprio!

Hélio se dirige ao carro em companhia da mãe quando viu ao longe o Alquimista, demoníaco como sempre (mas sem o avental nojento), vindo justamente em sua direção. Parece que o professor ainda não tinha reparado no menino, aproximando-se por acaso, simplesmente porque era o caminho para entrar no estabelecimento. Em estado de choque, Hélio sentiu um amolecimento nas pernas e quase soltou as sacolas com as compras, talvez com o intuito de liberar os dedos para pressionar um *double xis*, e assim saltar para longe dali. Por que no videogame tudo é mais fácil?

Quando estavam a uns cinco metros de distância, o professor avistou Hélio. Tomado de susto, o Alquimista não lhe fez mais que uma leve inclinação de cabeça, mexendo os lábios no que significaria um "bom dia". E passou, como um soco inesperado dado por um punho invisível. Tão inesperado que é difícil dizer se chegou a doer de verdade.

– Esse é meu professor de Química – disse para a mãe, assim que se recompôs do baque.

– Ah é? Que vergonha, ainda bem que não parou para reclamar de você. Eu não saberia onde enfiar a cara. Mas, pensando bem – parou pensativa –, eu que deveria falar com ele, para pedir desculpas...

Nisso, do jeito que pôde (sobrecarregado de sacolas), Hélio empurrou a mãe com o braço para que continuasse o caminho. Não lhe permitiria abordar o professor, de maneira alguma, a não ser sobre seu próprio cadáver. A mãe acedeu, deixando-se levar pelo filho, mas emendou, falando mais para si:

– Que homem pálido...

Hélio não deixou a observação passar despercebida. Era verdade, o Alquimista estava mais parecendo uma estátua grega, de tom branco mal lavado. Talvez estivesse doente. No fundo, não seria mau se caísse morto lá mesmo. Um infarto fulminante seria o mais prático, sem dar tempo para que alguém tivesse a infeliz ideia de reanimá-lo. Ou, quem sabe, poderia ser atropelado por um carrinho de supermercado; ou fosse vítima de algum produto letalmente estragado; ou, na seção de doces, se deparasse com alguma bala perdida... Brincadeiras à parte, as opções eram muitas. O importante era se livrar do monstro. Ponto final.

CAPÍTULO DEZ

Nem mesmo um belo castigo para mudar a realidade das coisas. Chegou a quarta-feira e Hélio mergulharia em cheio no seu *tríduo da angústia*. Como previsto, olhou seu desenho, o triângulo em chamas, sentindo aquela já bem familiar contração no estômago – a gastrite que se cuide!

Correndo para não se atrasar no dia de sua reintegração social, Hélio chegou à sala de aula faltando poucos segundos para o professor chato de Biologia fechar a porta e recusar o acesso à sala de qualquer retardatário. Entrega das provas. Hélio tirou quatro, valendo 10! Por incrível que pareça, ficou bastante satisfeito com a nota, inclusive enchendo-se de orgulho por um desempenho assim tão acima do chão: sentia-se um gênio. Claro, essa sensação seria implodida dali a poucas horas, na entrega das provas de Química. Outro frio na barriga! O que o

Alquimista dirá de sua prova? Devia ter pensado nisso antes. Sempre há a possibilidade de a prova ter extraviado, deixada inadvertidamente na caixa onde havia sido colocada a água sanitária comprada no mercado, justamente no dia em que a embalagem estava vazando. A probabilidade de uma coisa dessas acontecer era diferente de zero, com certeza. Não tão provável quanto tirar seis vezes seguidas o número seis em um dado (estava calculado lá no caderno: probabilidade de 0,0021%), mas, mesmo assim, a chance não era nula. Poderia chamar isso de esperança?

***

Onze horas e quarenta minutos – o Alquimista sempre foi pontualíssimo. Chegaria a qualquer momento!

Onze horas e quarenta e dois minutos – ainda nem sinal do Alquimista.

Onze horas e quarenta e quatro minutos – entra o professor! Mas não é o Senhor das Trevas. É outro. Mais novo, com cabelo, sem bigode, troncudinho!

Seria possível? Miragem? Delírio?

Alívio!

Será que as preces de Hélio foram atendidas? O professor havia realmente partido desta para uma pior? Deus quisera!

– Bom dia turma – disse o novo professor, em uma voz encorpada e segura. – Meu nome é Valdir e estarei substituindo o professor Camargo até que alguém acima de mim diga algo contrário.

E continuou:

– Pelo que me consta, o professor Camargo estava prestes a encerrar o capítulo sobre a distribuição eletrônica. Mas antes de eu retomar o andar da carruagem, pretendo fazer uma recapitulação geral de tudo o que vocês viram até agora. Pra começar, vocês já sabem que a Química é a Ciência que estuda a matéria, tanto no aspecto de sua composição, ou seja, levando em conta o conjunto de...

Enquanto o novo professor continuava seu discurso, Hélio devaneava sobre o paradeiro do velho professor.

Camargo?! Nem sabia o nome dele... Combina: amargo! Espero que tenha morrido: se queimado, se afogado, se explodido. Tanto faz! Quem sabe morreu de desgosto, depois de ver minha prova. Ha, ha! Panaca. Espero que esse cara aí seja melhor; quem sabe consigo entender alguma coisa.

E o professor prosseguia, falando sem parar diante de uma turma que, passado o desconcerto inicial frente a um novo mestre, já se permitia desconectar da aula. Salvo poucas exceções, os alunos conversavam a dois ou a três, gerando um murmúrio de fundo, ignorado pelo professor, que falava, e falava.

O sinal tocou, a aula acabou. Hélio voltou para casa arrasado – não havia entendido nada da aula. Está certo que o Alquimista não estava mais lá, mas a Química continuava a ser um bicho de sete cabeças. O tal do Valdir não fez mais do que vomitar em 140 minutos as mesmas palavras medonhas que o Alquimista cuspira em doses homeopáticas ao longo de quatro semanas de aulas. Átomos, moléculas, prótons, elétrons, camada de valência, sistema homogêneo, mistura eutética, coeficiente estequiotétipo ou esteriotrépido ou... Que loucura! O que significavam todos esses termos? Nem ideia! Hélio só conseguia imaginar o que seria um "pudim de passas" – expressão que também já ouvira da boca do Alquimista. Mas, lamentavelmente, nem este novo professor havia levado uma amostra para os alunos provarem.

CAPÍTULO ONZE

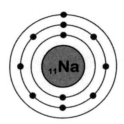

Na tarde da mesma quarta-feira, Hélio deixou-se levar por um estado de imenso desânimo, que não conseguiu superar nem com as horas no computador, tratando de bisbilhotar tudo o que os amigos postaram nas redes sociais nos dias anteriores.

Na aula seguinte, o professor Valdir terminou de explicar a matéria inconclusa pelo Alquimista e iniciou o capítulo oito do livro, sobre os elementos da tabela periódica. Colocou no quadro uns nomes impronunciáveis: Döbereiner, Chancourtois, Newlands, Mendeleev. Ao que parecia, nem o professor sabia pronunciá-los adequadamente. Hélio conseguiu captar que a organização da tabela atual era atribuída principalmente ao último desses cientistas, um branquelo cabeção (ou melhor, um russo com uma inteligência privilegiada).

Já quase no meio da aula, o professor começou a falar sobre

as famílias dos elementos da tabela periódica. *Que raio de família é essa? Que coisa mais irritante, só faltava agora ter que ficar decorando aquelas classificações de gênero, espécie, filo e sei lá o que vem depois!* Na Biologia havia o latim dando um toque especial, elegante, a essa história toda: família *canidae*, entre os mamíferos; família *crocodylidae*, entre os répteis; família *falconidae*, entre as aves. Mas a Química tinha o poder de deixar tudo árido. Nada de latim ou bichinhos desenhados nas páginas dos livros. Não, a tal da tabela periódica, apresentada na página 127 do livro, era quadriculada, com todo seu conteúdo em preto, fundo branco, e nada de latim para designar as tais famílias. Em cima de cada coluna daquela batalha naval sem água e sem graça havia somente números: 1, 2, 3, 4, 5, 6, 7, 8, 9, 10, 11, 12, 13, 14, 15, 16, 17, 18. Abaixo de cada um desses números, ainda na parte superior das colunas da tabela, havia outros algarismos (alguns coincidiam com os de cima, outros não) seguidos da letra A ou da letra B: 1A, 2A, 3B, 4B, 5B, 6B, 7B, 8B, 8B, 8B, 1B, 2B, 3A, 4A, 5A, 6A, 7A e, finalmente, 8A, sob o número 18 da sequência superior. Quem é capaz de ver lógica em uma coisa dessas? Sem dúvida, esses números seriam os nomes de cada uma das famílias, pois o professor acabara de falar isso: cada coluna daquela tabela era uma "família", e também podia ser chamada de "grupo". Mas que nomes mais banais para uma família; nem *canidae*, *crocodylidae* ou *falconidae*, como os animais; nem Veiga, Moraes ou Silva, como os seres humanos. E por que dois nomes diferentes? 1 ou 1A; 2 ou 2A, 3 ou 3B... Sim, o professor estava falando exatamente isso: o número puro e simples é a maneira moderna de numerar as famílias; o número seguido da letra A ou B era o jeito antigo de se referir a cada uma delas. *Eu sou Veiga, meu pai é Veiga, e meu avô, que em paz descanse, o velho Hélio, era Veiga. Só a química babaca pra ficar mudando o nome das famílias sem motivo nenhum! Imagine se eu quisesse mudar tudo por puro capricho; minha filha poderia acabar se chamando Judith Vesga ou Gertrude Meiga.*

– Hélio.

– Sim, professor.

– Como? Ha, ha! Eu não te chamei, rapaz. Estou falando dos elementos da família 18, os gases nobres.

Queee? Do que ele tá falando?

Hélio não entendeu nada, mas ficou calado. Apenas franziu o cenho, manifestando de alguma maneira sua desaprovação diante do professor, embora interiormente resignado com sua atitude – não se poderia esperar um comportamento sadio por parte de alguém cuja profissão era ensinar Química.

E a aula prosseguiu.

Mais uma vez, "Hélio"!

– ... Neônio, argônio, criptônio, xenônio, radônio.

Agora não havia dúvida, o professor enumerou uma sequência de *asnerônios*, com um "hélio" abrindo a série. Novamente, falou que eram os gases nobres, integrantes de uma família com características muito especiais.

Ai não; só me faltava essa!

Hélio baixou a cabeça e seu olhar recaiu no primeiro quadradinho da tal família encabeçada pelo par 18/8A. E lá estava ele, escrito com letras miúdas ao lado de um majestoso "He".

Meu nome está aqui, maldição! Quem deixou? Não é possível...

Quer dizer que "hélio" era o nome de um desses tais gases nobres?! O pior de tudo é que esse negócio de "nobre" era meio ridículo, e os colegas do "garoto nobre" soltaram risadinhas quando o professor disse que "o hélio é um nobre e prefere não se misturar, permanece sozinho, satisfeito por não precisar se ligar a ninguém". Hélio ficou corado, experimentou um misto de irritação e, não podia negar, desconcerto. Mas um desconcerto com um fundinho de satisfação. Teria que admitir (era difícil, mas *tinha* que admitir!), estava orgulhoso; herdara seu nome do avô paterno e acabara de encontrá-lo em um livro escolar. Já não estava tão incomodado pelo ridículo de ser um nobre.

Que bizarro!

Seu nome estava lá impresso, em um livro.

Mas... era *justamente* o livro de Química!

***

Hélio chegou em casa e foi diretamente para o computador. O normal era sair da aula morto de fome, literalmente faminto, desejando o almoço com a mesma avidez com que Gollum deseja se apoderar do anel, e neste dia não foi diferente. Mas até Gollum poderia se distrair, esquecendo-se momentaneamente do *precioso*, caso se deparasse com um peixe gosmento e apetitoso. No caso de Hélio, a curiosidade sobre seu próprio nome foi maior que a fome. Será que só a Química se reservava o direito de ter um "hélio" como objeto de estudo? O almoço podia esperar.

Abriu o site de busca.

h é l i o - Enter!

O hélio (do grego Ήλιος, helios, "Sol") é um elemento químico de símbolo He e que possui massa atômica igual a 4u, apresentando número atômico 2 (2 prótons e 2 elétrons). À temperatura ambiente, o hélio encontra-se no estado gasoso. Apesar da sua configuração eletrônica ser $1s^2$, o hélio não figura na tabela periódica dos elementos junto com o hidrogênio no bloco s, está colocado no grupo 18 do bloco p, já que apresenta nível de energia completo, apresentando as propriedades de um gás nobre, ou seja, é inerte (não reage) como os demais elementos.

É um gás monoatômico, incolor e inodoro. O hélio tem o menor ponto de ebulição de todos os elementos químicos, e só pode ser solidificado sob pressões muito grandes. É o segundo elemento químico em abundância no Universo, atrás do hidrogênio, mas na atmosfera terrestre encontram-se apenas traços, provenientes da desintegração de alguns elementos. Em alguns depósitos naturais de gás, é encontrado em quantidade suficiente para sua exploração. É usado para o enchimento de balões e dirigíveis, como líquido refrigerante de materiais supercondutores criogênicos e como gás engarrafado utilizado em mergulhos de grande profundidade.

As informações sobre esse elemento químico não paravam por aí. Hélio leu tudo o que o site dizia sobre o assunto, de cabo a rabo.

Em meio a esse momento mágico (e põe mágico nisso: leitura química, sem nenhuma pressão externa), aconteceu o pior – das coisas mais trágicas que podem acometer o cotidiano de um adolescente dos tempos modernos (ainda mais do "garoto nobre" em questão). O computador começou a mostrar sinais de esquisitices. Uma travadinha aqui; uma travadinha ali e... aconteceu! Travou de vez! Irritação, revolta, indignação.

Hélio ficou irado, de verdade. Não por ter interrompido a pesquisa sobre a Química, como é óbvio. O problema é que, paralelamente, estava xeretando na página da Rebeca, que acabara de postar 86 fotos novas e, além disso, exatamente naquele momento, o Rafa Alves (um colega do antigo colégio) o havia convidado para um jogo na rede social.

Não era raro Hélio ficar nervoso com esse tipo de coisa, mas dessa vez ele extrapolou: soltou um sonoro palavrão, saiu do escritório do pai – onde ficava o computador – batendo a porta atrás de si com o máximo de força possível e, para completar, aproveitou a trombada com a irmã caçula (a pobre Tati subia a escada bem no momento crítico) para lhe arrancar das mãos um brinquedinho quase novo, jogando-o escada abaixo. O barulho do brinquedo espatifando no chão produziu um efeito calmante no garoto. Mas, na Tati, o efeito foi desastroso. A menina abriu um berreiro estridente que ecoou por toda a casa. A mãe, como de costume, captou toda a problemática: sua intuição materna lhe forneceu um relatório completo dos fatos, com as razões que levaram à irritação do filho e à choradeira da filha, incluindo o veredito com a segura informação de quem era o agressor e de quem era o agredido. Hélio suou frio, ficou pálido, branco como leite de magnésia (daquele tradicional, sem corante, edulcorante ou aromatizante). Não era para menos, sua mãe teria uma conversinha com ele, imediatamente.

CAPÍTULO DOZE

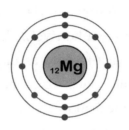

Mg(OH)$_2$ – hidróxido de magnésio – em suspensão aquosa, normalmente comercializado com o nome de "leite de magnésia": eficaz e seguro como antiácido, contra gastrites e pirose gravídica (azia). Dez galões seriam insuficientes para aliviar a náusea de Hélio. Vendo a cara que a mãe fazia, seu estômago se contraiu, concentrando o suco gástrico, altamente ácido.

Dona Yolanda estava indignada com a atitude do filho, a ponto de considerar excessivamente suave a possibilidade de lhe dar umas boas chineladas. Castigo com cinta era coisa de pai, não de mãe. Bater-lhe com outro tipo de objeto mais agressivo, isso não; não chegaria a tal extremo. Melhor seria esperar o marido e discutir com ele acerca da sentença para o filho. Enquanto isso:

– Vá para o quarto agora e não saia de lá até seu pai chegar – gritou.

Ele não se mexeu!

– AGORA! – reforçou, berrando.

Sem dizer uma palavra, Hélio se retirou para o quarto, batendo a porta com um estrondo surdo. Desabou na cama, sentado, sentindo uma dor de cabeça que lhe sobreveio de maneira instantânea. Após enxugar com as costas das mãos as lágrimas que lhe umedeciam os olhos, deixando duas manchas escuras nas bochechas, uma de cada lado, viu uma escultura de elefante que seu irmão havia feito com massa de modelar verde (por sinal, a escultura era horrível). Com profundo ódio, pegou o bicho e começou a esmagá-lo com as duas mãos, desfazendo em questão de segundos o que, antes, ao menos lembrava um elefante. Ficou uns cinco minutos mexendo naquilo. Incrível, funcionou como uma terapia. Sentia-se mais calmo, a cabeça aliviada. Rolando na palma da mão pequenos fragmentos daquela bola inicial a que o elefante se reduzira, Hélio fez várias pequenas esferas verdes, enfileirando-as uma a uma sobre o criado-mudo. A seguir, seus olhos, já completamente secos, procuraram os potes com as demais cores da massa de modelar. Pegou a vermelha e, do mesmo modo, produziu umas 15 ou 20 pequenas esferas. Fez o mesmo com a branca e a azul. Com as quatro fileiras de bolinhas coloridas já bem organizadas sobre o móvel, Hélio tomou uma vermelha e, pelo contato, exercendo apenas uma leve pressão, grudou nela uma bolinha branca. Pronto, o que lembrava aquilo? Nada! Pegou outra bolinha branca e grudou-a na mesma bolinha vermelha, mas não exatamente oposta à primeira bolinha branca já fixada. Pronto, e agora? Humm... Parecia aquilo que o Alquimista havia desenhado no quadro sob a inscrição: H_2O. Se não lhe falhava a memória, era a representação da molécula de água (isso mesmo, molécula, que é o conjunto de átomos; no caso, dois do elemento hidrogênio e um do elemento oxigênio). Surpreendeu-se por ter chegado a essa conclusão, como se esse conhecimento lhe tivesse sido infundido naquele instante, pois não tinha consciência de saber o que seria uma molécula até aquele momento.

Esbanjando seu escasso inglês, limitado ao que aprendeu nos jogos eletrônicos, berrou:

– *I hate chemistry! I hate this!*

E com o punho direito fechado, com um único golpe, esmagou boa parte das bolinhas recém-modeladas, deixando a massa multicolorida achatada sobre o criado-mudo, cercada por algumas esferas que escaparam da tragédia.

CAPÍTULO TREZE

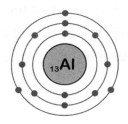

Alerta ao retorno do pai – que, embora fosse chegar só no final da tarde, não pegaria leve pela conduta do filho –, Hélio deixou-se cair completamente na cama, afundando a nuca no travesseiro e esticando as pernas sobre o colchão. Apesar da apreensão, não resistiu ao peso das pálpebras e caiu em um sono profundo. Dormiu por mais de duas horas e, ao acordar, chegou à conclusão que seu único sonho fora com um gato que ficou voando por horas a fio no céu azul do Jardim Arapuã, dando de mamar a uma prole de seis morceguinhos brancos e peludos, até que um deles cresceu e, com uma única abocanhada, deu fim na mãe gato e nos irmãos morcegos, desaparecendo feliz em direção ao Sol, que continuava a brilhar sobre justos e injustos. Ou seja, "hélio" continuava a ser um elemento químico, nobre ainda por cima, e suas propriedades, aplicações e história de vida ainda exerciam um considerável interesse sobre o garoto Hélio (menção à palavra *garoto* por uma questão de *desambiguação*).

Estava recluso no quarto, aguardando o castigo do pai e, ao mesmo tempo, curioso por saber mais sobre seu próprio nome. Mas o pior é que não havia almoçado, e já passava das quatro horas da tarde. Não é possível que tivesse que ficar no quarto até a chegada do pai. Sua mãe queria matá-lo de fome? Ela bem sabia que ele não havia comido nada ao chegar da escola. E tudo começara com o computador que resolveu enguiçar sem aviso prévio e sem pedir autorização. Que enormes transtornos pode ocasionar em uma pessoa a limitação do acesso ao mundo cibernético.

Toc, toc!

– Estou saindo com seu pai e volto mais tarde – disse a voz de dona Yolanda, distorcida através da porta.

Hélio estranhou o recado. Quer dizer que seu pai já estava em casa? Aliás, estava de saída, juntamente com a mãe! Curioso, não iria receber a pena por ter chateado a Tati e quebrado seu brinquedo?

– Você ouviu o que falei? – insistiu a mãe, sem mostrar desejos de entrar no quarto.

Um resmungo do garoto foi o suficiente para dona Yolanda considerar que seu recado havia sido compreendido.

Para onde seus pais estariam indo? Sabia que os irmãos, com certeza, estariam agora na casa vizinha, onde o Tadeuzinho comemorava seu aniversário de um ano. Será que os pais de Hélio estavam indo para lá também? Provavelmente não, porque o pai não teria voltado mais cedo do trabalho por um motivo desses. Além disso, a festa era só para as crianças, e justamente por isso a marcaram bem para o meio da tarde. Enfim, tanto faz! O fato é que só restaria ele na casa, morto de fome. Mas aí, tudo bem. Já que os pais estavam de saída, considerava-se no direito de abandonar o quarto – evidentemente, a mãe já estaria satisfeita por tê-lo deixado sem almoço. Sozinho, Hélio sabia se virar bastante bem, contanto que houvesse mantimentos nos armários e na geladeira!

De fato, o menino nunca tivera problemas com a alimentação ou dificuldades para suprir sua fome de leão. Embora fosse magrelo, era bastante bom de garfo, quer dizer, na comida, mandava bem. Em outras palavras, comia pra burro. Para ele, não tinha essas frescuras de não gostar disso ou não gostar daquilo, de deixar bordas de pizza no canto do prato, de separar a cebola antes de se servir do hambúrguer ou fazer cara feia ao ver uma orelha de porco peluda nadando na feijoada. O que colocava no prato ou lhe ofereciam, comia sem cerimônia, não sobrava nada, exceto caroços e ossos (que normalmente são indigestos para qualquer tipo de pessoa). Sabia aproveitar bem todas as gororobas que os restaurantes e lanchonetes oferecem de "cortesia": *ketchup*, mostarda, maionese, pimenta, queijo ralado, molho inglês, gelo, limão, etc., etc., etc. Mandava brasa no que aparecesse. Para comer salada, não fazia questão nem mesmo de tempero, e seria capaz de devorar três lanches de qualquer rede de *fast-food* num piscar de olhos. Frutas, gostava de todas, e as comia com frequência, pois repetidas vezes se propunha a ter uma alimentação mais saudável. É verdade que não gostava de jiló, mas comia assim mesmo, sem problemas, até com certo prazer por se sentir capaz de subjugar aquela bolinha feia esverdeada.

Tendo isso em conta, entende-se bem como Hélio era safo para se virar com a comida na ausência dos pais. Seria a oportunidade perfeita para preparar sua *tomida* preferida (não saberia classificá-la: não era comida porque não era de comer, não era bebida porque não era de beber, na verdade, era um alimento para *tomar*, como se toma um sorvete cremoso ou uma colherada de Nutella).

CAPÍTULO QUATORZE

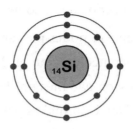

Sim, se tinha uma coisa que fazia Hélio perder a cabeça, era gemada com limão. Que delícia! Sentia um princípio de salivação, com aquele arrepio lá no fundinho da bochecha, todas as vezes que abria as portas dos armários da cozinha para preparar um desses copos espumantes que só ele sabia fazer. A receita era simplicíssima: cinco ovos, quatro colheronas caprichadas de açúcar e um limão. Nada mais, nada menos. Bastava bater vigorosamente as claras com o açúcar, na batedeira, por três minutos, e depois acrescentar as gemas, batendo mais dois minutos. Por fim, o toque final: a calda do limão derramada como uma espécie de ingrediente mágico, um *pó de pirlimpimpim* (claro que a calda é líquida e não um pó, mas é só uma maneira de falar). *Et voilà!*, diria um *chef* francês diante de um copão recém-preparado dessa *cremosura* amarelada. Simples assim, como é simples tudo o que é divino. Essa bebida (difícil chamá-la assim, pois era um líquido estático, espumoso, coloidal), essa pasta cremosa, levava-o às alturas, era boa demais. A receita devia estar na Bíblia, só podia – homem algum teria sido capaz de inventar algo tão gostoso. Ou alguém foi celestialmente iluminado ou a receita estaria lá no Livro inspirado.

Depois de tanta tensão e horas seguidas sem comer, Hélio precisou de uma dose dupla de gemada para satisfazer seu apetite. Tomou tudo, raspando o fundo do copo com a colher.

Com a pança cheia, já podia pensar melhor e lembrou-se do Alquimista. O que teria acontecido com ele? Não que se importasse o mínimo com aquele professor, não mesmo! Mas, de boa, será que tinha morrido? Claro que não! Não é normal as pessoas morrerem e ninguém falar a respeito, colocando um substituto no lugar com a mesma naturalidade com que se compra uma borracha nova depois que a antiga começou a borrar o papel. Mas algo aconteceu com o Alquimista, era evidente. Talvez tivesse se cansado de ensinar aquela matéria idiota, embora estava na cara que ele gostava daquilo. Quem sabe, então, o problema fosse ficar exposto, em pé, vulnerável, diante de dezenas de alunos que, se pudessem, estariam continuamente arremessando tomates podres em cima do mestre. É, talvez fosse isso. Um ser humano normal não suportaria uma profissão que o deixasse continuamente desfilando pela calçada da infâmia. Mas o Alquimista não era normal, tranquilo. Ele merecia mesmo uma avalanche de tomates reais, se não fosse tanto desperdício de comida.

Depois de quatro copos transbordantes de gemada (cada dose rendia dois copos), Hélio estava rindo à toa e pareceu-lhe muito divertido aventurar-se nas diversas hipóteses para o sumiço do professor.

CAPÍTULO QUINZE

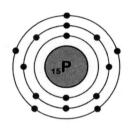

Pensativo, de volta em seu quarto, Hélio continuou com o Alquimista na cabeça. Não conseguia esquecê-lo e a curiosidade sobre o que lhe teria acontecido crescia cada vez mais. E se ele próprio, Hélio, tivesse sido o culpado? Primeiro, o desenho, depois, a prova debochada. Não equivaleria a uma boa enxurrada de tomates malcheirosos?

Seus pais voltaram para casa perto das 8 horas da noite, juntamente com os dois filhos menores.

– Hélio, chegamos! – a mãe gritou em direção ao quarto do filho, sem se preocupar com a resposta.

Parece que os pais não estavam dando muita bola para ele. Melhor assim, naquelas circunstâncias. Tudo indicava que as coisas permaneceriam como estavam e, no dia seguinte, tudo voltaria ao normal, sem nada de castigo (além daquela tarde parcialmente reclusa no quarto).

***

Finalmente, sexta-feira. Mais um pouquinho de paciência e estaria fora, por uns dias, do poço em chamas. Qual seria a conversa fiada do professor Valdir naquele dia? Apresentaria à turma um novo elemento químico, o *Veiga*, pertencente à família dos *maltrapilhos cheirosos*?

Durante a aula, o pensamento no Alquimista tornou-se quase que uma obsessão. Por que será que Hélio se sentia tão incomodado? Respirou fundo! Era praticamente uma crise de consciência: um capetinha em um ombro e um anjinho no outro, cada um cochichando no respectivo ouvido que o antigo professor era mau e perverso, além de um chato de galocha, ou que era alguém que merecia um mínimo de consideração e que talvez estivesse passando por algum problema. Sempre dera ouvidos somente ao capetinha. O problema é que o anjinho começou a gritar, irritado. Ou Hélio lhe fazia caso ou ficaria louco.

À tarde, no seu quarto, achava-se ainda mais confuso. Tormento esse negócio. Que inferno! Por que se preocupar tanto com essas coisas? Não tinha sentido, do nada, tomar as dores daquele velho professor, o pior que já tivera na vida, e justamente na feliz ocasião em que pôde ver-se livre dele. Um cochilo talvez ajudasse a colocar as ideias no lugar. Era até possível que já estivesse dormindo e toda essa história de "Química" e de preocupação com o professor fosse um sonho delirante de uma mente atormentada. Umas horas de sono e estaria recomposto, com as ideias no lugar e preparado para uma partida de qualquer um dos joguinhos do celular que, apesar de bestas, são altamente viciantes: a receita perfeita para o retorno à vida normal.

***

Dito e feito, Hélio dormiu um sono profundo e sem sonhos. Simplesmente mergulhou no nada! E durante esse tempo – talvez duas ou duas horas e meia –, não aconteceu nada, simplesmente! Acordou confuso igualmente, só que com a cara amassada e a mão dormente por ter ficado mal posicionado e imóvel feito uma pedra por todo esse tempo.

CAPÍTULO DEZESSEIS

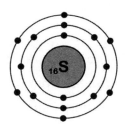

Sábado era o dia que dona Yolanda aproveitava para fazer o filho ajudar em casa. Se dependesse dele, passaria a manhã toda dormindo, levantando-se só para almoçar e enfrentar uma tarde repleta de programas na TV, um pior que o outro, mas suficientemente toleráveis para suportar o sábado. Sorte que a mãe, normalmente, poupava-lhe de todo esse tédio, arrancando-o da cama lá pelas 9h30 e pedindo sua ajuda para varrer o quintal, aspirar a sala, comprar lâmpadas (porque essas porcarias queimam de cinco em cinco minutos), podar os pingos-de-ouro, arrumar o quarto (porque parece que passou um furacão lá dentro), etc., etc.

– *Ich*, acabou o creme de leite! – Hélio ouviu a mãe dizer e já sacou na hora. Teria que se preparar para ir ao mercado.

Eram 2h55 da tarde, quase na hora do *Sabadão da Ilusão* (diante de uma plateia de umas 200 pessoas, Guerry – um francês maluco – fazia um monte de truques de ilusionismo. Em um deles, só para dar um exemplo, Guerry convocou uma menina da plateia e pediu para ela se jogar de cima de uma escadinha de pouco mais de um metro de altura. Antes de cair no chão, algo invisível amorteceu a queda e lançou-a para cima novamente, fazendo-a pular repetidas vezes, sempre de pé, como sobre uma cama elástica até, depois de uns 10 saltos, cair finalmente sentada no chão, mas toda molhada, como se a queda final tivesse sido dentro de uma tina d'água).

– Hélio, eu preciso também de couve-flor, cheiro-verde e pimentão. Você vai lá no *Mironauta* pra mim? – pediu dona Yolanda, sabendo que no *Mironauta*, os hortifrútis são bem mais frescos que no mercadinho do fim da rua, onde normalmente Hélio costumava comprar as outras coisas. O *Mironauta* ficava a um quilômetro cravado de distância, 10 minutos caminhando a um bom ritmo.

– Onde tá o dinheiro? – Hélio se limitou a perguntar, mesmo cheio de má vontade, sabendo que não adiantaria discutir com a mãe.

Após especificar as quantidades de cada item (quatro caixinhas de creme de leite, dois pés de couve-flor, um macinho de cheiro-verde – salsinha e cebolinha misturadas – e dois pimentões, um verde e outro vermelho), a mãe lhe passou o dinheiro e Hélio saiu. Sabia que não voltaria antes de terminar o *Sabadão*, nem se a ilusão do Guerry naquele dia fosse congelar o tempo, e, então, foi andando em passo lento, sem pressa.

Depois de caminhar cerca de cinco minutos, tendo dobrado já umas quatro esquinas em um zigue-zague perfeito, viu ao longe um senhor deixando o lixo na rua, retornando em seguida para a casa que acabara de sair. Seria possível? De longe, era igualzinho. Se Hélio apressasse o passo poderia certificar-se, com poucos riscos que o dito cujo se voltasse para trás e o visse. Sim, era ele mesmo. O Alquimista em carne e osso (mais osso do que carne). Quer dizer que ele morava naquela casa? Em pleno Jardim Arapuã? Quem diria?! Não havia dúvida que era seu ex-professor. Diminuiria o passo para manter a devida distância, enquanto o Alquimista entrava de vez na casa e fechava a porta. Hélio fez questão de continuar em frente, pela calçada oposta, para fixar exatamente o local daquela residência. Esse tipo de informação – o esconderijo de um inimigo – costuma ser deveras valiosa. No caso, rua Machado de Assis, 316, esquina com a Olavo Bilac.

***

Na volta do mercado, balançando duas sacolas, uma em cada mão, Hélio fez outro caminho. Não desejava facilitar as coisas para dar de cara com o velhote.

CAPÍTULO DEZESSETE

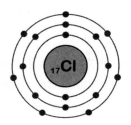

Cℓaramente desanimado – humor típico das segundas-feiras –, Hélio saiu da sala de aula, juntamente com todos os demais alunos, dirigindo-se à quadra poliesportiva para a aula de Educação Física.

Hélio nunca foi de fazer esportes. Satisfazia-se dando seus tiros e fugindo dos bandidos (quando ele próprio não era o bandido) nos seus jogos de videogame. Nas atividades físicas da escola, quando fazia alongamento, não conseguia nem colocar as mãos nos pés com a perna esticada. Ficava ofegante com qualquer corridinha, flexão de braços ou polichinelo, e era desses moleques que sempre são os últimos a serem escolhidos por seus colegas para formarem os times de futebol ou algum outro esporte em equipe. Uma negação completa. Mas é verdade que se impressionava com os esportistas na TV e sentia certa inveja de muitos deles, reconhecendo sua própria incapacidade físico-motora (no fundo, achava que devia ser o máximo conseguir voar pelos ares sobre uma bicicleta, despencar de um trampolim dando vários mortais antes de cair numa água azul-piscina ou deslizar sobre uma prancha em meio a ondas monstruosas nas praias do Havaí).

O professor Carlos já havia falado na semana anterior que organizaria um pequeno campeonato de futebol, formando três times com os 18 meninos da sala. Seis para cada time: quatro na linha, um no gol e o sexto homem para revezar. Paralelamente, as meninas jogariam vôlei na outra quadra.

Os times de futebol já estavam divididos, e Hélio entraria em quadra no primeiro jogo. Por que não começaria na reserva? Tática (dos colegas): como era obrigatório que todos jogassem ao menos cinco minutos, melhor deixar o mais nó cego entrar logo no início, enquanto ainda as coisas estavam empatadas e com tempo depois para correr atrás do prejuízo, caso não conseguissem segurar as pontas.

Mas quando o cara é ruim e sem jeito para a coisa, as tragédias acontecem com muito mais facilidade. Não havia passado nem dois minutos desde o início do jogo e a bola – sem saber o que estava fazendo, obviamente – rolava na direção de Hélio (se a bola tivesse um mínimo de cérebro, mudaria de direção imediatamente). Hélio preparou o chute, mas só triscou a pelota, deixando-a passar apenas com um leve desvio. Mas o Zé Formiga, adversário que fazia jus à sua condição de adversário, "chegou chegando" (como posteriormente o próprio Hélio descreveria a cena) e entrou com um carrinho impiedoso diretamente na canela do pobre perna de pau. Não foi na maldade, logicamente, mas o estrago foi grande. Hélio sentiu o impacto e caiu bonito. Nunca sentira tamanha dor – contorcia-se como uma lesma sob efeito de sumo de limão e gemia sem saber o que gritar ou que posição ficar. O professor Carlos, experiente, já percebeu que não havia sido uma simples torção ou coisa semelhante, e correu para acudir o menino. Tentando contê-lo, tomou-o nos braços e saiu em direção ao estacionamento do colégio, enquanto gritava para a professora Sônia tomar conta dos outros garotos até o final da aula, pois levaria aquele coitado para o hospital.

***

Resultado: perna direita quebrada, com direito a gesso e 10 dias sem poder apoiá-la no chão. Hélio saiu do hospital em uma cadeira de rodas fornecida pelo próprio estabelecimento (pagando uma espécie de aluguel), pois era mais prático do que utilizar muletas, pelo menos na maior parte do tempo.

No início a coisa foi dura. Transformar-se em um cadeirante, de uma hora para outra, era a última coisa que imaginava que pudesse acontecer. Mas, pensando bem, não era o fim do mundo. Como devia sentir-se alguém que, depois de um acidente, tivesse que passar o resto da vida em uma cadeira daquelas? Ele, pelo menos, teria que suportar aquilo apenas por algumas poucas semanas. Além disso, até que era legal ser empurrado pelas pessoas, como uma espécie de reizinho, despertando a compaixão de todos os que o viam assim tão desvalido. Na escola, nunca havia sido um garoto muito popular. Mesmo assim, naquelas circunstâncias, os colegas disputavam a oportunidade de empurrá-lo para cá e para lá. Era uma atração para toda a turma e, depois de uns dias, chegou a se afeiçoar de sua condição de portador de atenções especiais. Afinal, foi a primeira vez na vida que pôde sentir-se (ao menos um pouquinho) especial.

CAPÍTULO DEZOITO

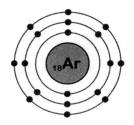

Arrebentado depois de uma manhã interminável com seis aulas de 50 minutos (todos os dias eram assim, mas, para Hélio, cada dia parecia ganhar um ar de padecimento que sempre superava os anteriores), tocou o sinal, indicando o final da última aula. Era uma terça-feira, pouco mais de uma semana depois de ter quebrado a perna. No dia seguinte, seria a apresentação do trabalho de História, em grupo, e os alunos só teriam aquela tarde para as últimas pesquisas e sua finalização. Pelas condições especiais de Hélio, o grupo decidiu se reunir em sua casa, por volta das três da tarde. Murilo e Caíque chegaram pontualmente no horário combinado. Tomás, para variar, atrasou-se (ele era o cara mais atrasado do mundo – deve ter deixado sua mãe esperando uns 20 dias no hospital antes de resolver vir à luz). Quando chegou, às 3h40, o trabalho já estava bem adiantado (até que os meninos pegaram firme).

— O que falta pra fazer? – perguntou Tomás, todo inocente.

— Tudo, sua ostra! – ironizou Caíque. – Vê se ajuda a fazer alguma coisa, senão a gente nem põe seu nome no trabalho.

— Ai, nada a ver – respondeu Tomás, sentindo-se ofendido. – Eu que dei a ideia de colocar as charges no trabalho. Fica quieto que eu sou o único que pensa aqui, vai.

— Ah, o único que pensa... Ficar dando ideia e não fazer nada é fácil – Caíque retrucou. – A gente precisa ainda colocar as consequências da revolução industrial aqui no trabalho. Fica pra você essa parte então.

— Isso – disse Murilo. – O Hélio vai acabar depois de desenhar as charges e o Tomás acaba a parte dele em casa, então.

— Mas eu acabei de chegar e vocês já vão parar?

— Ninguém mandou chegar um século atrasado! – foi a vez de Hélio tirar satisfações com Tomás.

— Tá bom, vai. Então, Hélio, vamos partir pro bolo da mamãe?

— Nossa, o cara nem é cara de pau – Caíque falou com ar moralista. – Chega atrasado, não faz nada e ainda pede comida na casa dos outros. Só você, hein, Tomás? – E, virando-se para Hélio, completou: – Mas já tá na hora do rango, né?

***

O bolo estava pra lá de bom: fofinho e com uma cobertura cremosa, amarelada e azedinha (devia ser maracujá). Aí, Hélio se lembrou:

— Ah, eu vi onde mora o Alquimista. É aqui perto!

– Alquimista? – Tomás perguntou.

– Sério?! – exclamou Murilo, esclarecendo a seguir para Tomás: – É o outro professor de Química. Só o retardado do Hélio mesmo pra ficar chamando ele de Alquimista.

– Retardado... Retardado era aquele cara. Ele deve estar doente, sei lá. Morto eu vi que não tá, infelizmente.

Aí, Caíque teve uma de suas ideias babacas:

– A gente podia ir lá agora. É perto mesmo? Aí, depois já vou pra minha casa.

– Mas fazer o quê lá? – perguntou Murilo, que não era muito fã de ficar inventando essas modas.

– Sei lá. A gente toca campainha e sai correndo – completou Caíque.

– É, vou sair correndo com essa perna quebrada...

– Ah, é mesmo. Mas tudo bem, pelo menos a gente vai lá pra você mostrar onde ele mora.

– Se alguém depois me trouxer de volta, tudo bem. Porque eu não *guento* ficar empurrando essa cadeira tanto tempo.

***

Chegando perto da esquina da Machado de Assis com a Olavo Bilac, os meninos já se encontravam totalmente ouriçados, como se estivessem vivendo uma grande aventura (sentindo emoção semelhante a andar na borda de um vulcão prestes a entrar em erupção ou a se lançar do alto de uma torre, tendo apenas uma capa de super-homem amarrada ao pescoço).

– Ó lá, é aquela casa da esquina – exclamou Hélio. – Cuidado com os morcegos que ficam rondando a torre, são carnívoros!

– Hélio, se você não estivesse nessa cadeira de rodas, eu te quebrava agora mesmo – disse Murilo. – Quase todos os morcegos são herbívoros e só alguns chupam sangue, que são hematófagos, e não carnívoros. Se você não ficasse desenhando na aula do Zeco, saberia essas coisas.

– Mas claro que os morcegos do Alquimista não são herbívoros, porque esses não fazem mal a ninguém – retrucou Hélio. – Além disso, você que é burro, porque eu vi no *Mundo Animal* que os morcegos são os mamíferos que têm a dieta mais variada, e têm alguns que são carnívoros sim senhor!

– Ele deve estar em casa, porque está tudo aberto – emendou Tomás, dando fim à troca de farpas entre os outros dois moleques.

– Tudo, que você quer dizer, são as janelas – observou Caíque. – Porque olhem o tamanho do cadeado que está no portão.

– Claro que estou falando das janelas. Não estamos na roça pra alguém deixar o portão escancarado. Nem faz muito tempo que tiveram vários assaltos aqui na região.

– É, tô sabendo... – comentou Hélio, dando-se conta de que nunca comentara com seus colegas sobre o assalto de sua própria casa. Por que guardara para si este acontecimento? Será que lhe afetara tão pouco? Com certeza não, porque a verdade é que ficara tremendamente chocado quando soube que os mesmos assaltantes haviam inclusive matado uma pessoa em algum *serviço* realizado pouco antes. Ou seja, sua família havia caído nas mãos de gente inescrupulosa que teria sido capaz de dar fim tanto nos pais quanto nos filhos, e o acidente com a garrafa de cerveja bem poderia ter sido um estopim para isso. Graças a Deus não acontecera nada mais grave naquela ocasião, mas... não fora um evento tão pouco significativo quanto tomar um gol por baixo das pernas ou encontrar um cabelo no sanduíche da cantina da escola.

Quando Hélio se deu conta, já estava parado bem na frente do portão do Alquimista, com os colegas ao seu redor. Por 10 segundos, todos ficaram em silêncio, observando a casa. Ao contrário da imagem pintada por Hélio com seu papo de morcegos, a casa era bem ajeitadinha, com a grama aparada, a fachada bem pintada e um carro limpo e devidamente estacionado na garagem.

De repente, um leve sorriso aflorou nos lábios de Caíque e, ato contínuo, o menino estendeu a mão em direção a um botão instalado no pilar que sustentava o portão. Com um ímpeto que só os garotos amantes de travessuras são capazes de entender, seu dedo não resistiu à intensa atração exercida pelo botão, e lançou-se apertando-o com imenso prazer. O som da campainha saiu do interior da casa com uma força impressionante e atingiu cada garoto como se fosse uma injeção de adrenalina.

Com a rapidez com que Lucky Luke – o *cowboy* mais rápido do Velho Oeste (mais veloz que sua própria sombra) – alveja o inimigo, todos (exceto Hélio) saíram em disparada desenfreada, cruzando a rua Olavo Bilac e avançando o quarteirão seguinte pela própria Machado de Assis. Nesse instante, o cérebro de Hélio se liquefez e seus membros tiveram que assumir sozinhos o controle da situação. No caso, sobre a cadeira de rodas, as pernas não tinham muito o que fazer (a não ser, tremer em espasmos descontrolados). Sobrou para os braços. Com movimentos frenéticos, Hélio manobrou a cadeira, girando-a quase 180 graus. A intenção, na realidade, era completar a meia volta, mas um poste estava literalmente *postado* bem naquele ponto e não foi possível evitar o choque. Ação e reação: choque cem por cento elástico!

Como costuma acontecer nesses casos críticos, tudo pareceu se desenrolar em câmera lenta, mas nem por isso possível de evitar. Hélio se espatifou no chão, caiu com a cadeira e tudo, esfolando feio o cotovelo. Antes de se dar conta de que estava sangrando, ouviu:

– Hélio!?

A voz rouca e pesada vinha de trás de um portão trancado com um pesado cadeado.

CAPÍTULO DEZENOVE

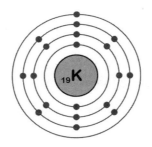

Kepler enunciou que "os planetas descrevem órbitas elípticas tendo o Sol como um dos focos". Hélio se lembrou de que, conforme vira em sua pesquisa sobre o elemento químico hélio, seu nome tinha a ver com "Sol". Sim, tudo fazia sentido: ele era o foco do Universo (exagero, apenas do Sistema Solar) e todas as desgraças da galáxia (sem exagero) rondavam ao seu redor. Era isso que chamava de "heliocentrismo". Levantou a cabeça, com o corpo dolorido, e viu o Alquimista fazendo movimentos ágeis para abrir o cadeado do portão. Perplexo, não sabia se olhava para o sangue, que agora sim via escorrendo pelo seu braço, ou mirava o professor, concentrando suas energias para fazer surgir um campo de força que impedisse a aproximação do inimigo. Enquanto decidia, o Alquimista abriu o portão e aproximou-se do menino com a mesma solicitude de um irmão mais velho que, tomado de repentino arrependimento, vê seu irmãozinho nocauteado no chão depois de ele próprio tê-lo esmurrado como consequência inesperada de uma inocente brincadeira de mão.

– Tudo bem com você, Hélio? Que tombaço, olhe só seu braço! – disse o professor, ainda com a voz rouca e assustada, como se o menino não tivesse percebido que havia caído.

– Ai droga, tô meio tonto... Não, deixa, eu levanto.

– Olha só, raspou aqui o braço – falou o Alquimista, enquanto levantava a cadeira.

– É, começou arder agora.

– Não, estou falando do braço da cadeira. Caiu de jeito.

– Ah...

– Mas levante aqui, vamos lavar esse seu braço e passar alguma coisa nele – falou o professor, já com a voz recomposta e começando a se divertir com a situação patética a que se tinha colocado o garoto, pois percebeu que o machucado, na verdade, era bastante superficial.

– Não, pode deixar – respondeu Hélio, não querendo dar o braço a torcer (em todos os sentidos).

– Não seja teimoso, garoto. Precisamos dar uma desinfetada nisso. Não precisa se preocupar; não vou te morder não, nem lavar seu braço com solução sulfocrômica... embora ela funcione bem para limpar muitas coisas...

Hélio sentiu um calafrio na espinha ao ouvir esse nome cabeludo, mas, após se sentar na cadeira, deixou-se conduzir pelo professor para dentro do portão. Mergulhados em um silêncio constrangedor, aproximaram-se de uma torneira na extremidade do jardim.

– Estique o braço. Vai doer um pouco, mas precisamos limpar essa sujeira toda. Que estrago você fez na calçada hein? – falou o professor, rindo da própria piada.

– Ai, ai... ui!

– Pronto, olha só, nem foi uma ralada tão grande assim. Espere aqui que vou pegar alguma coisa para passar aí.

– Não, deixa! Vou sobreviver.

– Ha, ha! Espero que sim. Mas fique aqui, mesmo assim. Já volto, não fuja.

Então, por dois minutos, Hélio ficou sozinho esperando o Alquimista buscar a poção mágica (imaginou que seria quente, esfumaçante, possivelmente com barba de morcego e unhas de lagarto). Onde estariam seus amigos? Amigos da onça, isso sim! Daniel sobreviveu na cova dos leões, mas ele, Hélio, com sua habitual falta de sorte, não teria essa especial proteção de Deus para sair ileso de uma enrascada dessas. Maldito Caíque! De onde tirou a ideia de tocar a campainha? Hélio podia apostar que os três moleques, após alcançarem uma distância segura, ficaram escondidos atrás de algum carro estacionado, só observando o que ia acontecer com o desafortunado colega. Com certeza, perderam qualquer esperança de recuperá-lo para a vida assim que viram o abutre lançar-se sobre a carniça. Diante de tal espetáculo, teriam se retirado silenciosos, cheios de remorsos por terem manchado suas mãos – mesmo indiretamente – com sangue amigo.

– Pronto, aqui está! – a voz chegou aos ouvidos de Hélio, antes mesmo de ter visto o Alquimista saindo da casa. – Deixe-me pingar umas gotas no seu machucado.

— O que é isso?

— Vai doer, mas não muito.

— Ai, ai, ai... ai, ai.

— Você vai parar de choramingar?

— Ai, tá ardendo! O que é isso?

— Água.

— Água? Mas tá borbulhando?

— É água oxigenada. Dizem que nem é tão bom assim para machucados. O melhor mesmo é água e sabão. Mas eu queria te mostrar justamente o efeito da água oxigenada no sangue.

— Você é louco? Meu Deus! Por que aquele poste já não me matou de uma vez?

— Sei que você mora aqui perto. Vamos, eu te empurro até tua casa.

— Não, não precisa.

— Como não precisa? Com esses braços fininhos e ainda por cima machucado, você acha que vai chegar ainda hoje em casa? Vamos, a gente vai conversando.

Hélio estava cada vez mais inconformado com a maneira com que o professor o estava tratando. Primeiro, o experimento *in vivo* para observar o efeito da água oxigenada no braço esfolado de um ser humano indefeso; depois, o professor teve a ousadia de, praticamente, chamá-lo de magrela e frangote. Quem ele pensava que era? O Chuck Norris?

Mas não tinha como recusar. Hélio simplesmente se calou, deixando o destino decidir o rumo de sua vida. Amoleceu o corpo, rendendo-se por completo. Com o olhar perdido no infinito, sentiu a cadeira inclinar-se levemente para trás e, a seguir, ser impulsionada para frente, transpondo novamente o portão, alcançando a rua. Parou por alguns instantes, ouvindo um clique de cadeado se fechando. Retomou o movimento, lento, como se ele fosse de vidro e tivesse que ser conduzido com todo o cuidado para não se quebrar.

Novamente, o silêncio. Se dependesse de Hélio, ficaria assim, mudo, até o número 238 da Marechal Deodoro. Da mesma forma o professor, que se mostrara tão à vontade minutos antes, deixou-se silenciar, talvez contagiado pela atitude do garoto.

CAPÍTULO VINTE

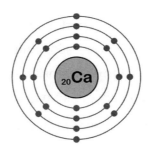

Cauteloso, depois de uns três minutos em completo silêncio, o professor arriscou quebrar o mutismo:

– Como estão as aulas de Química com o novo professor?

– Não consigo gostar dessa matéria, o senhor me desculpe.

– Não precisa pedir desculpas não. Cada pessoa tem seus gostos, suas aptidões...

– E por que então a escola nos obriga a estudar um monte de coisa inút... digo, um monte de coisa que a gente não gosta?

– Como você saberá se gosta de algo, se não tiver a oportunidade de provar? Sinceramente, não sei se gosto de *escargot*. Se um dia eu tiver a oportunidade de comer, saberei dizer se gosto ou não.

– Já comi. É uma delícia! – respondeu Hélio com prontidão. – Quando eu ouvia falar que os franceses apreciavam lesma cozida, a única explicação que encontrava era pensar que, provavelmente, aquele povo jamais teve oportunidade de provar uma boa e velha picanha na brasa. Mas depois que comi a tal da lesminha, acho que faz uns seis meses, descobri que os franceses entendem de comida...

– Pois é, para mim, *escargot* continua sendo lesma cozida, gosmenta e nojenta.

– Que isso! *Escargot* é bom demais.

– Mas se eu nunca tiver oportunidade de comer, necas! Nunca saberei que é bom, se é que é bom – concluiu o professor. – Entende o que quero dizer? Se você não tiver oportunidade de aprender sobre os diversos temas na escola, nunca saberá o que te desperta interesse.

– Muitas coisas me despertam interesse. Mas nunca encontrei nenhuma na escola.

– Que exagero. *Scientia potentia est*; conhecimento é poder – pontificou o Alquimista. – O conhecimento do mundo nos eleva à categoria de senhores do Universo. Ou será que agora sou eu quem exagera?

Nisso, já quase na esquina da Marechal Deodoro, passaram ao lado de uma poça d'água. E, então, o Alquimista emendou:

– Dois comprimidos efervescentes estavam atravessando a rua quando um deles exclamou: olha a poççççç... No que o outro respondeu: nosssss... – e caiu na gargalhada.

Hélio ficou perplexo. Aquilo era uma piada? O professor, por sua vez, recomposto do acesso de riso, acrescentou:

– Você percebeu que gosto de uma efervescência...

– Percebi! Eu nunca tinha usado água oxigenada em machucado. Que fervida mais estranha.

– Não foi uma fervida, foi simplesmente uma efervescência.

– Só que eu não senti esquentar, só arder.

– Mas claro. Como eu disse, não foi uma fervida: a água oxigenada não entrou em ebulição devido a um aquecimento. O que aconteceu é que ela se decompôs, assim como acontece com os antiácidos efervescentes quando em contato com a água. Você já aprendeu sobre decomposição de compostos químicos.

Hélio ficou calado, tentando enumerar para cada dedo da mão direita um termo químico que tivesse aprendido naquele ano: átomo, molécula, *ehhh, que mais?, ah, Química...*

Não foi fácil continuar a lista, mas as palavras "decomposição" e "compostos" não estavam contempladas nela.

– Aliás – continuou o professor –, faz todo o sentido "decompor" substâncias que são "compostas", e por isso as chamamos de "compostos". Sacou?

– Saquei! – respondeu Hélio, estranhando o professor usar aquele tipo de gíria.

– Minha filha dá risada quando falo assim – disse o Alquimista, como se tivesse lido os pensamentos do menino. – Ela diz que não combina comigo.

– O senhor tem uma filha? – perguntou Hélio espantado.

– Não, não apenas uma. Tenho três! Mas só a mais nova mora comigo, minha caçula querida. Onze anos, pobrezinha. Mas já chegamos.

– Como o senhor sabe que eu moro aqui?

– Sabendo. Não quero incomodar ninguém aí; então, te deixo

entrar sozinho. Imagino que você tenha forças para empurrar a cadeira por cinco metros, não?

– Tá tirando comigo...

– Tchau Hélio. Precisamos conversar mais vezes. Passe na minha casa quando puder andar.

–Hã? Ah, tá! Bom, tchau. Obrigado professor...

– Geraldo. É o meu nome. Até mais garoto.

– Obrigado... – foi tudo o que Hélio pôde responder.

***

Nem sequer tinha acabado aquele dia interminável. Engraçado como, às vezes, parece que um dia acaba tão absolutamente diferente da maneira como começou. Quem poderia imaginar que em um único dia pudessem acontecer tantas coisas? Também é curioso que tudo parece decorrer de detalhes ínfimos que desencadeiam uma sequência de acontecimentos decisivos na vida de uma pessoa. Por exemplo: como as coisas se desenrolariam se o Zé Formiga, dias antes, não tivesse entrado com tanta violência na perna de Hélio? Nada de gesso e de cadeira de rodas. Por consequência, não seria na casa de Hélio o encontro para os meninos fazerem o trabalho de História, e não fariam porcaria nenhuma de visita ao Alquimista, e Hélio não teria esfolado seu cotovelo, e nada de água oxigenada, e de papo com aquele professor idiota e de mais um milhão de coisas que aconteceram em um único dia. Que maldito acaso estava inscrito nos movimentos do Zé Formiga para autorizá-lo a perturbar de maneira tão profunda o decurso de uma vida que não lhe pertencia?

CAPÍTULO VINTE E UM

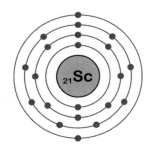

– *Scientia potentia est...* que cara mais pedante. – Hélio falava consigo mesmo, à noite, sozinho em seu quarto.

O papo nem estava tão ruim. Tinha que soltar uma frase em latim? E ele pensa de verdade que é o senhor do Universo? Que seja, contanto que seu universo não saia dos limites daquela sua casinha.

Decomposição da água oxigenada... Afinal, o que seria água oxigenada? Água com oxigênio, sem dúvida. Mas isso não seria água com gás?

Uma vez, Hélio encheu uma garrafa PET até a metade e ficou chacoalhando como se fosse um perturbado mental, achando que assim conseguiria produzir água com gás, tal como a que comprava nas lanchonetes. Mas que nada! Também pensou em soprar na água com um canudinho para ver se assim daria certo, mas mudou de ideia, achando que deste modo iria simplesmente envenenar a água com o gás carbônico que sairia de seus pulmões. Se tivesse em casa uma bomba de encher bola, com certeza usaria para uma nova tentativa de gaseificar a água... Mas também duvidava do sucesso dessa nova empreitada. Enfim, o que seria água oxigenada? Não poderia ser o mesmo que água gaseificada, evidentemente. A experiência diária mostrava que não (alguém beberia água oxigenada ou descoloriria os cabelos com água gaseificada?).

Hélio resolveu recorrer ao seu livro de Química, já que o Alquimista falou que já haviam estudado "decomposição" nas aulas e... talvez o livro falasse justamente sobre água oxigenada.

Sim, estava em um dos primeiros capítulos do livro cor de vômito. Pois é, água oxigenada, definitivamente, não era água com gás. Era uma substância química, também conhecida como peróxido de hidrogênio, cuja fórmula era muito parecida com a da água, porém, com um oxigênio a mais: H_2O_2. Fazia sentido, sem dúvida. H_2O acrescido de um oxigênio: água oxigenada! E, em uma folha de papel que estava dando sopa sobre sua escrivaninha, Hélio copiou do livro:

$$2H_2O_2 \longrightarrow 2H_2O + O_2$$

Embora se achasse imensamente ignorante em conceitos químicos, Hélio, mesmo sem se dar conta, já tinha certa noção das simbologias e representações da disciplina que tanto o aterrorizava. Sabia o significado do que acabara de escrever: era uma *equação química* que representava uma *reação química* em que a água oxigenada se transformava em água (pura e simples) e oxigênio (em forma gasosa). Essa transformação (no caso, a decomposição) poderia se dar, dizia o livro, pela ação da luz ou de outras substâncias, como enzimas contidas no sangue...

– Sangue? – Hélio exclamou, surpreso, ainda falando sozinho.
– O sangue decompõe a água oxigenada? Por isso borbulhou meu machucado. Estava saindo oxigênio!

O livro apresentava ainda, na mesma página, outro exemplo de reação de decomposição: a da própria água. Pela ação da corrente elétrica, a água, H_2O, também poderia se decompor, resultando em dois diferentes gases: hidrogênio e oxigênio. Uma coisa Hélio tinha que admitir: a Química não era muito dada a blá-blá-blás. Basta escrever "$2\ H_2O \rightarrow 2\ H_2 + O_2$" e todo mundo já sabe que é a equação que representa a reação da decomposição da água em hidrogênio e oxigênio. E esse negócio de "todo o mundo" é bem assim mesmo: quer fosse um chinês, dinamarquês, argentino ou qualquer pessoa de qualquer ponto de qualquer país do nosso mundo que quisesse escrever a equação de decomposição da água, escreveria exatamente deste modo: $2\ H_2O \rightarrow 2\ H_2 + O_2$. Isso o professor Valdir havia falado. Comentou que, durante a faculdade, caiu-lhe às mãos um livro de Química em russo. Pensou que não entenderia lhufas daquilo (foi a expressão que o professor usou: lhufas! – que brega!), mas sentiu certa emoção ao abrir o livro e ver dezenas de equações químicas absolutamente compreensíveis, apesar dos textos explicativos não explicarem nada de nada a quem não soubesse russo.

Nessa altura, Hélio se lembrou da massa de modelar. Quase duas semanas antes, horas depois de ter esmagado as bolinhas coloridas que havia modelado, pegou tudo do jeito que estava (a massa disforme com as cores misturadas e as bolinhas que saíram ilesas de seu murro) e jogou em um saco plástico, amarrando a boca (sábia decisão, pois evitou que a massa ressecasse), deixando-o esquecido na gaveta do criado-mudo.

Agora, retirou tudo do saco, e verificou que a massa ainda estava macia. Separou as cores sem grandes problemas, recuperando ou remodelando as diversas esferas. Novamente, como dias atrás, montou uma "molécula" de água a partir da junção de uma bolinha vermelha com duas brancas. Mas, desta vez, depois de refletir por alguns minutos, continuou as montagens: construiu mais sete moléculas de água. Com as oito moléculas totais, poderia transformá-las como bem entendesse.

Transformação! Eis uma palavra importante neste mundo da Química. Isso era outra coisa que havia entrado à força na cabeça de Hélio nos tempos das aulas com o Alquimista – o mais próprio da Química é estudar a estrutura da matéria e, precisamente, suas transformações. Na Química, as transformações não são superficiais, fúteis, reversíveis (em boa parte das vezes), são transformações profundas, íntimas, estruturais! Não a transformação de um elefante de massa de modelar em uma bola de massa de modelar. Antes era massa de modelar e, depois, continuou sendo. Na Química, as transformações são mais profundas: algo deixa de ser o que era, para se transformar em outra coisa... Isso é o que recebe o nome de "reação química". Quebrar um copo não é uma reação química, pois o vidro que formava o copo continua sendo vidro, só que fragmentado. Desmontar um monte de "moléculas" feitas de massa de modelar e montar outras, tampouco é uma reação química, mas bem pode *representar* uma reação química verdadeira.

Que tal, então, representar a reação de decomposição da água? Com os oito modelos de moléculas que Hélio havia montado, passou a desgrudar e *regrudar* as bolinhas, de maneira a rearranjá-las, branca com branca e vermelha com vermelha, resultando em oito parzinhos brancos e quatro parzinhos vermelhos. Conclusão, as oito moléculas de água, após a remontagem, transformaram-se no que seriam oito moléculas de hidrogênio e quatro de oxigênio. Desta maneira, a partir dos conjuntos montados anteriormente, não sobraram esferas brancas nem tampouco esferas vermelhas que não tivessem sido reaproveitadas para a confecção dos novos parzinhos. Ou seja, oito moléculas de água, após a decomposição química, formam oito moléculas de hidrogênio e quatro moléculas de oxigênio. Na representação química, o que interessa é a proporção entre o que havia antes (chamado de reagente) e o que se forma depois (chamado de produto). Neste caso, não precisa ser nenhum gênio para perceber que a proporção é, simplesmente, duas moléculas de água para duas moléculas de hidrogênio e uma molécula de oxigênio. Ou, em outras palavras, pode-se dizer que certa quantidade de moléculas de água forma a mesma quantidade de moléculas de hidrogênio e metade dessa quantidade de moléculas de oxigênio. De novo, muito blá-blá-blá para o que pode ficar só num simples "$2\ H_2O \rightarrow 2\ H_2 + O_2$".

Pensando bem...

Não devia ser água oxigenada aquilo que o Alquimista passou no machucado de Hélio. Claro que não! Como o garoto pôde ter sido tão ingênuo? Sem dúvida o produto era, como Hélio imaginara no início, alguma poção mágica, capaz de enfeitiçá-lo e levá-lo a cometer ações impensadas e bizarras. Que perigo! Chegou ao ponto de se entreter com a Química. Como foi capaz de descer a esse nível? Que outras barbaridades poderia cometer se não recuperasse o domínio de si?

Disposto a esquecer toda aquela história de decomposição de substâncias e bolinhas modeláveis, Hélio jogou tudo de novo dentro do saco plástico, metendo-o de volta na gaveta do criado-mudo. Hora do jantar; a fome despertou. Para o caso de ter algum recado, resolveu conferir o celular, sobre a escrivaninha, mas, descoordenado, deixou-o escorregar. O aparelho se espatifou no chão, desfazendo-se em três partes (saiu a capa e caiu fora a bateria), voando uma para cada lado. A seguir, um pensamento que comprovava definitivamente o distúrbio mental que acometeu o moleque nas últimas horas: *olha só, que bela reação de decomposição celular!*

CAPÍTULO VINTE E DOIS

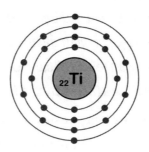

Titubeante, Hélio saiu de casa no dia seguinte com os sentimentos divididos. Por um lado, assaltava-o um forte desejo de chutar tudo para os ares, abandonando os estudos e vivendo ao *modo hippie* (*que coisa tentadora!*) e, por outro, sentia um tiquinho de impulso de se aplicar mais nos estudos, tentando recuperar o tempo perdido, com a esperança de ser verdade essa história de que é o estudo que faz a gente ser "alguém na vida".

Mas (*convenhamos*), deixar de aprender Química é tempo perdido? Que importância tem algo que não se sente a falta quando se perde? O Legião Urbana, no século passado, já cantava alguma coisa do tipo "todos os dias quando acordo não tenho mais o tempo que passou, mas tenho muito tempo, temos todo o tempo do mundo". Irônico o vocalista dizer isso, e concluir a música com um "somos tão jovens, tão jovens, tão jovens!". Pois o tempo passou – e muito – e, se estivesse vivo, o Renatão não seria tão jovem assim. O tempo passa e se perde, ou não. Talvez sim, talvez não! Claro que todo o tempo passado é tempo perdido. Ou não, definitivamente! Mas, se a história for circular, resolvido. O tempo passa, e o tempo volta. É só esperar a próxima volta da roleta e...

Que papo maluco! Isso que dá pensar demais. As ideias ficam confusas e passam absurdos pela cabeça. Pobres dos filósofos que só fazem isso na vida. Devem ficar maluquinhos. Mas vou tentar prestar atenção na aula de hoje. Cansei de ficar por baixo. Não vai ser uma droga de Química que vai arruinar minha vida.

O professor Valdir estava prestes a iniciar o capítulo do livro sobre as ligações químicas. Todo animadinho, começou a falar da regra do octeto, que consistia na tendência dos átomos alcançarem a configuração eletrônica dos gases nobres, com oito elétrons na camada de valência.

Até aí, Hélio ouviu tudo, pois nesse momento estava altamente determinado a começar a entender as aulas. Mas (eis o grande problema) ouvir não é o mesmo que entender ou compreender. Octeto já lhe pareceu uma palavra um bocado forçada. Configuração eletrônica e elétrons na camada de valência também não lhe eram conceitos triviais, mas, evidentemente, o professor considerava tudo aquilo já sabido pelos alunos e, por isso, não se deu ao trabalho de mastigar todos esses termos. Resultado: apesar do grande esforço, Hélio não resistiu. A palavra "valência" pareceu convidá-lo a um mundo distante, e a ele foi arrebatado, irremediavelmente. Caiu em sono profundo, inclusive chamando a atenção dos colegas. Murilo (que, assim como Hélio, era bom de desenho), não perdeu tempo e gravou no papel a figura dorminhoca do amigo. Caprichou na baba que, na verdade, nem o próprio Murilo saberia afirmar se vira realmente ou imaginara escorrer da boca aberta de Hélio. Já quase no final da aula, Murilo fez um canudinho com o desenho recém-terminado e cutucou de leve a orelha do amigo, para despertá-lo. Hélio abriu os olhos, assustado, e bateu a mão no papel enrolado, que caiu adiante. Desenrolou a folha e viu a si próprio, bocó e babado. Que vergonha! Quanto tempo durou suas boas disposições de acompanhar a aula? Cinco minutos, quando muito!

No que rascunhou, Murilo acertou bem as características de Hélio: magro (pele e osso, para falar bem a verdade), estatura média para a idade (nem alto, nem baixo), nariz afilado, orelhas pequenas, queixo retraído... Não se via no desenho (por ser preto no branco), mas o menino era bastante branquelo e com cabelos e olhos castanhos. Não estava retratada a perna quebrada, mas, no Hélio real, ela continuava lá – engessada e... coçando.

Enquanto Hélio observava o quanto Murilo acertara nos traços, o professor falou, concluindo a aula:

— Então gente, para a semana que vem, eu quero que vocês façam um trabalho de pelo menos duas páginas escritas à mão – ouviram? Nada de ctrl-C/ctrl-V da Internet – sobre substâncias do cotidiano e suas ligações químicas. Como opção, podem pesquisar algum experimento químico que vocês possam realizar em casa e falar sobre os compostos utilizados no experimento. Além disso, preparei uma folha – peguem uma e passem para trás –, onde explico isso que acabei de dizer e com mais algumas outras questões para vocês responderem. Amanhã, vou terminar de explicar a matéria, mas já podem ir pensando no assunto.

Aí, o sinal tocou e a turma debandou. O professor foi o primeiro a sair da sala (devia estar com pressa), depois os alunos foram saindo sem grandes tumultos e, por fim, fechando a fila, Hélio se retirou, deslizando vagarosamente em sua cadeira de rodas, enquanto pensava angustiado na dificuldade que teria para fazer aquele trabalho. Nem em sonhos poderia acreditar que conseguiria prestar atenção na aula do dia seguinte... Melhor render-se, levando um travesseiro para a escola. Seria uma boa alternativa para evitar a dor no pescoço que estava sentindo!

CAPÍTULO VINTE E TRÊS

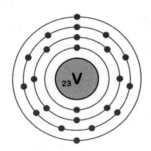

Voltando para casa, Hélio não tirava da cabeça o trabalho de Química. Sabia que seria sua salvação se tirasse uma boa nota naquele negócio, porque sua situação com as provas estava pra lá de crítica. Uma notinha assim, de mão beijada, não era para se desprezar. Teria que se garantir com aquele trabalho. Mas como? Parecia que esse tal de Valdir era bem ligado ao mundo cibernético; então, sugar tudo da Internet seria arriscado demais. Se o professor descobrisse, já era! Copiar de alguém, pior ainda, porque esse deve ser o jogo preferido dos professores: descobrir quem cola nas provas e quem copia os trabalhos de fontes não autorizadas para lhes zerar a nota e exercer sua função de dominador supremo da raça de vermes que constituem os alunos em geral.

Mas isso ele teria que resolver depois, porque, naquela quinta-feira à tarde, o menino tinha que ir ao hospital retirar o gesso, finalmente. Que alívio ver-se livre daquele traste. Foram quase 10 dias de chateação. Inferno aquele negócio na perna.

***

Na sexta-feira, Hélio chegou de muletas na escola. Devolvera a cadeira de rodas para o hospital e, agora, tentava se adaptar à nova situação, sem o gesso: a perna havia perdido o pouco da carne que tinha antes e sobrou puro osso, coberto por uma pele mais branca do que jamais fora antes. Quando Hélio apoiava a perna no chão, sentia uma bambeada que dava até medo. O tempo que passou tendo-a inutilizada fez com que se tornasse bastante sensível a qualquer movimento. Mas todos diziam que era questão de tempo e em dois dias, praticamente, já se esqueceria de que havia se machucado. Estaria dando saltos e piruetas, serelepe de tudo – como se alguma vez Hélio já tivesse sido serelepe...

Dito e feito, no sábado, Hélio já estava bem mais à vontade com sua perna. A muleta lhe prestava um bom serviço, permitindo-lhe mover-se pela casa com certa facilidade. Porém, esse alívio por se ver com os movimentos já quase recuperados não supria o desespero por ter na mão um pássaro a ponto de lhe escapar. Via o trabalho de Química como sua grande chance (melhor, sua *única* chance) de recuperar as notas, e não poderia desperdiçá-la. Mas não sabia nem por onde começar aquela desgraça. Se deixasse o tempo passar, acabaria o fim de semana e estaria frito. Na segunda-feira, teria que encher o papel de baboseiras, só para não deixar de entregar o trabalho. Mas arriscaria tirar uma nota bem baixa, o que seria o mesmo que lhe cavar uma cova, funda e com muita terra para ser jogada sobre seu próprio cadáver. O jeito era enfrentar o trabalho o quanto antes, custasse o que custasse.

Capítulo 23 | 109

Hélio se instalou em sua escrivaninha, deixando à mão o livro de Química, duas folhas almaço, seu estojo e um pacote de bolachas. Pegou o papel onde estava anotado o tema do trabalho e leu. Releu. Leu uma terceira vez. Desistiu. Não teve coragem nem de folhear o livro para tentar algo. Esmurrou a mesa, três vezes. Fechou os olhos para evitar o choro, tentando pensar em algum plano. Abriu os olhos e pegou o pacote de bolachas. Enquanto procurava o lado certo para abrir o pacote, veio a luz!

O Alquimista! Claro. Ele mesmo pediu pra que eu voltasse lá. Ele vai me ajudar. Ele vai ter que me ajudar. Hoje à tarde vou passar lá, não quero nem saber. Vishe, o que o desespero faz com as pessoas. Mas que se dane, tô desesperado mesmo. Se for pra ele me ajudar, apareço lá até de joelhos!

***

A tarde chegou. A hora da verdade também. Com que cara Hélio iria até a casa do Alquimista? Nem ele sabia de onde tiraria coragem, mas azares, tinha que passar por isso. Era questão de vida ou morte! Já conseguia andar até que bem e, mesmo devagar, poderia chegar à casa do professor com uns 10 minutos de caminhada.

Saiu de casa sem avisar ninguém. Os pais e os irmãos estavam na sala assistindo a um desenho animado, e percebia-se que estavam curtindo bastante pelas risadas que chegavam até a cozinha, onde Hélio ficou parado uns instantes antes de sair pela porta dos fundos.

Com suas muletas, foi avançando pelas ruas do Jardim Arapuã. Uma folha de papel dobrada na mão – entre os dedos indicador e médio, permitindo manter a palma da mão na muleta – e gotículas de suor brotando na testa.

Finalmente, diante da casa do Alquimista, parou, tentando entender que loucura estava fazendo. Considerou que, antes de pensar demais e mudar de ideia voltando para casa de mãos abanando, melhor seria tocar logo a campainha e deixar acontecer o que quer que fosse. Que Deus lhe protegesse e tivesse compaixão de sua alma desesperada. Enquanto pensava nisso, já tinha tocado a campainha. Pronto, não tinha mais volta.

Silêncio!

De repente, a porta se abriu. Com uma cara intrigada, dando a perceber que não fazia a menor ideia de quem poderia estar tocando a campainha àquela hora, o professor saiu, caminhando com agilidade para o portão. Com certeza, não estava acostumado a receber visitas ou, ao menos, não esperava uma naquela tarde. Assim que percebeu quem estava parado na calçada – o que foi um pouco difícil porque o garoto estava parcialmente escondido pelo pilar do portão –, surgiu-lhe um sorriso que deixou Hélio surpreso. Um sorriso sincero, franco, nada forçado. De alguma maneira, aquilo aliviou o menino, que parou de tremer imediatamente.

– Olha só quem está aqui! – disse o professor, enquanto procurava a chave certa para destrancar o cadeado. – Como você está, Hélio? Vejo que já está quase bom, com sua perna.

– É, tirei o gesso na quinta-feira – respondeu Hélio, antes de propriamente cumprimentar o professor.

– Vamos entrar. Agora mesmo eu estava preparando uma limonada. Com esse calor, vai te cair muito bem.

– Não precisa, só estava passando aqui na frente e resolvi parar, já que o senhor falou pra eu vir aqui depois que tirasse o gesso...

Capítulo 23 | 111

— Mas você vai experimentar a limonada, muito doce. É limão galego, de um pé que tenho aqui nos fundos da casa. Uma delícia, você precisa ver. Ou melhor, provar.

— Bom, tudo bem, mas é só uma passada rápida. Não posso demorar pra voltar pra casa.

— Entre. Minha filha está dormindo, mas não tem problema, ela está no quarto. Por aqui. Fique à vontade, Hélio. Sente-se, encoste aqui as muletas, isso. Já volto, fique à vontade.

Quer dizer que a menina estava dormindo? Como diabos seria essa menina? Pobrezinha, como bem disse o Alquimista dias antes. Imagine, ter um pai daquele. O que a coitada fizera de errado para merecer isso? Devia ser feinha de tudo, a pobre infeliz. E será que não tinha mãe? Em momento algum o professor falara sobre esposa... Claro, não pôde ter durado muito com ele. O curioso é a menina ficar com o pai, ao invés de picar a mula com a mãe. Mais um indício de que o pai deve ter estragado a filha: nem a mãe quis levá-la consigo.

— Aqui está, docinho e trincando – falou o professor, entrando na sala com uma bandeja contendo dois copos e uma jarra de suco, cheia até não poder mais.

— Ai professor, não precisava se preocupar. Só um pouco, não precisa encher muito não. Tá bom, obrigado.

— Você vai querer repetir, tenho certeza. Ninguém resiste às minhas poções! – completou o professor, com uma risada, enchendo um pouco mais o copo.

O comentário deixou Hélio atônito, mas já não poderia recusar.

— Que bom que você veio, Hélio – falou o professor,

entregando-lhe o copo de suco quase cheio, suado por fora. – Que tal? Isso que é suco de verdade, não? – perguntou, enquanto ele próprio se acomodava em uma bonita poltrona, bebericando seu copo que enchera até a metade.

– Sim, está gostoso mesmo. Obrigado.

– Confesso que tenho passado por dias difíceis.

Meu Deus! Será que ele pensa que sou psicólogo? Não vim aqui ouvir desabafo, não. Que situação!

– Você faz ideia por que abandonei as aulas? – perguntou o professor. De súbito, já não se via nem o mais tênue resquício do sorriso que há pouco estampara em seu rosto. Agora seu olhar era distante, suas feições repentinamente envelhecidas. Continuou falando: – Pretendo voltar, claro. Mas não sei, depende de muitas coisas. O futuro só a Deus pertence...

– ...

– É minha filha; minha querida filha. Preciso ficar com ela, o tempo todo. Não posso sair para trabalhar e deixá-la na situação em que está.

– A sua filha caçula? O que ela tem?

– Está doente, tadinha. Foi operada faz duas semanas. A operação foi boa, mas o problema é mais complicado... Você acredita que cogitaram amputar a perna da pobrezinha? Meu Deus, eu não suportaria vê-la mutilada. Acho que eu morreria. Depois de muita discussão, optaram por uma cirurgia menos traumática. Que desespero! Como sofri! Ainda estou sofrendo com isso, porque não há garantias de que ficará bem. Pelo contrário...

– Mas o que aconteceu com ela? Algum acidente?

Vai ver que esse louco deu alguma poção pra ela tomar ou a deixou de molho na água oxigenada...

– Terrível! Nunca pensei que isso pudesse acontecer... Ainda mais com minha própria filha. Terrível!

– Mas que raios aconteceu com ela? – Hélio perdeu a paciência.

– Um câncer. Grave. Li tudo sobre o assunto na Internet. Os médicos usam de meias verdades para nos consolar, dizem que há esperança e que a Medicina avançou muito nos últimos tempos, e nos fazem acreditar que nossos entes queridos estão em boas mãos. Boas mãos? Desde quando os médicos são dotados de superpoderes, capazes de combater as estatísticas? Taxa de sobrevida! Esses dados me dão arrepios, e sei que médico algum pode contestar. Como ousam dizer que o tratamento vai às mil maravilhas e que o meu tesouro vai melhorar?

– É... – Hélio absolutamente não sabia o que dizer, e não via a hora de ir embora, arrependendo-se até a medula pela infeliz ideia da visita ao professor.

– Mas os médicos têm razão. No fundo, eles têm toda razão. Se não acredito na cura de minha própria filha, como poderei continuar vivendo? Além do mais, agora é a hora da verdade! Quantas vezes já procurei consolar outras pessoas dizendo que por trás de aparentes males sempre vem uma enxurrada de coisas boas. Afinal, acredito ou não no que eu próprio apregoo?

Vishe, agora é ele que está dando um de guru.

O Alquimista parou de falar. Deu um suspiro profundo, com

o olhar fixo no chão, como se estivesse sozinho na sala. Continuou, lamentando-se com seus próprios botões:

– Preciso ser forte. Foram dois duros golpes, em um único ano. Aliás, dois golpes em menos de dois meses. Terrível! Primeiro, minha mulher; depois, minha filha.

Putz, e não é que a mulher deu no pé mesmo?

Nisso, ouve-se uma porta se abrindo, e eis que surge o indizível! Hélio levou um susto. A visão lhe parecia inacreditável, e fez seus olhos piscarem. Parada à porta, uma menina que, em absoluto, não combinava com o ambiente onde se encontravam – em plena casa do Alquimista. Um anjo, fofura máxima, uma obra-prima da natureza. Seu cabelo era castanho claro, grande e desgrenhado, olhos verdes, pele clara, bochechas levemente salientes e vermelhas, como dois tomatinhos. Vestia-se com uma camisola de tom róseo e detalhes amarelos, comprida até os tornozelos. Estava descalça, a perna esquerda flexionada, a direita apoiada no chão. Para manter o equilíbrio, segurava no batente da porta, balançando em movimentos lentos e discretos, para frente e para trás. O outro braço apertando contra o peito um ursinho de pelúcia, branquinho e com manchas negras. Evitando o excesso de claridade, mantinha os olhos estreitados.

– Papaaai, não consigo mais dormiiir.

A vozinha meiga, delicada, penetrou aveludada pelos tímpanos de Hélio, que, paralisado, olhava para a menina. O copo na mão, escorregando milímetro a milímetro, lentamente.

– Aaaaaai! – a menina gritou, assustada, assim que o copo despencou da mão de Hélio, arrebentando-se no chão.

CAPÍTULO VINTE E QUATRO

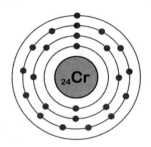

Cr*ash* é a onomatopeia apropriada para o que aconteceu com o copo, espalhando caco para todo lado e esparramando suco no assoalho até quase molhar o tapete que ficava sob a mesa redonda da sala, distante uns dois metros de onde o Alquimista e Hélio estavam sentados.

Hélio ficou confuso, sem saber o que fazer. Depois de poucos segundos em que sua mente trabalhou aceleradamente, concluiu que o razoável seria abaixar-se para pegar os cacos, mostrando-se condoído com o estrago que acabara de causar.

– Fique tranquilo, garoto – falou o professor, com um leve sorriso no rosto. – São coisas que acontecem nas melhores famílias. Confesso que estou me divertindo com a sua cara; paralisada, assim que minha filha apareceu na porta, e agora pálida. Não pegue no vidro, pode cortar sua mão.

— Ai, meu dedo! — Hélio fez uma expressão de dor e, com a mão direita, apertou com força seu dedão esquerdo, permanecendo curvado, com os ombros projetados para frente.

— Você se cortou?! — assustou-se o professor. — Ai meu Deus, eu falei para você não pegar no vidro!

Hélio permaneceu mais alguns instantes na mesma posição, imóvel, sem dizer nada. Depois, subitamente e com um sorriso, levantou-se:

— Ha, ha! Brincadeira. Não aconteceu nada. Nem precisa ir buscar a água oxigenada.

— Menino travesso, ha, ha. Você me assustou, seu cabeça de fumaça. Vamos limpar essa sujeira toda. Espere aí, parado, que vou buscar um pano e uma vassoura. — E, virando-se para a filha: — Gi, você pode pegar a pá de lixo que deixei lá no pomar? Coloque seu chinelo.

Hélio, esquecido por alguns instantes da menina, voltou a lhe fixar o olhar, enquanto ela se aproximava para pegar o chinelo aos pés da mesa redonda, sobre o tapete que há pouco escapara do acidente com o suco. Que menina mais linda! Como é possível que seja filha do Alquimista? Seria adotada? Não, definitivamente. Hélio, que era um *expert* em fisionomias, percebeu o quanto o nariz e outros traços do rosto eram os mesmos de seu ex-professor de Química. Como era possível que os mesmos traços pudessem pertencer, simultaneamente, a uma criatura angelical, bonitinha que só ela, e àquele que considerava, desde que o conhecera, como o arquétipo do próprio satã?

O professor voltou com uma vassoura em uma mão e um pano na outra:

– Pronto, vamos primeiro jogar o pano para secar essa meleca toda... Fique sentado, não se preocupe. Eu varro isso num instante. Obrigado Gi. Não tire o chinelo do pé, porque é difícil saber se sobrou algum caco.

– Quem é ele, papai? – perguntou a menina, apontando para o garoto.

– Ah, é verdade. Preciso te apresentar o Hélio, que é um ex-aluno e um amigo. Na verdade, ainda é um aluno, pois assim que eu terminar de arrumar isso, iremos estudar Química – e, voltando-se para Hélio, indicou com a cabeça o papel que permanecia em sua mão. – Imagino que queira conversar sobre esse trabalho. Claro, com todo prazer.

– Não, de jeito nenhum, professor! Isso daqui não é nada. Desculpe ter atrapalhado, já vou voltar pra casa.

– De maneira alguma. Não é possível que você tenha pegado no semáforo um panfleto com fórmulas químicas. Com certeza, é algum trabalho da escola. Estou aqui para te ajudar, à tua disposição.

– Sério mesmo professor, não quero atrapalhar. Eu passo aqui outra hora. Desculpe qualquer coisa. Agradeço o suco, toda a atenção e tudo. Você disse que sua filha está doente. Não quero atrapalhar – Hélio falava sem pensar, com o olhar grudado na menina.

– Não estou mais doente – apressou-se em dizer a menina. – Papai, ensina Química pra ele. Eu quero ver você dar aula.

– Claro Gi. Vamos sentar aqui à mesa e mergulhar por uns minutos no maravilhoso mundo da Química – falou o Alquimista, orgulhoso da disciplina que lecionava.

Hélio estava cada vez mais perplexo com a menina! Onze anos

de idade e querendo assistir aula de Química? Só podia ser mesmo filha do Alquimista para querer uma coisa dessas. Uma menina tão bonitinha e com umas ideias tão alteradas.

— Venha aqui na mesa, Hélio — insistia o professor para que o menino se deixasse ajudar com o trabalho de Química. — Apoie-se nas muletas.

— Puxa professor, não precisa se preocupar.

— Não estou preocupado, não. Fique tranquilo, ha, ha. Vamos ver, o que temos aqui neste papel. Olha só, trabalho sobre ligações químicas! Preste atenção na explicação do papai, Gi. Você vai entender pouca coisa, porque o Hélio já tem um conhecimento de Química que você não tem. Mas não se preocupe; quando você estiver mais velha, vai aprender direitinho todas essas coisas.

Eu? Conhecimento de Química? Quem dera!

— Papai, não vejo a hora de voltar pra escola.

— Quando sarar, filha, quando você sarar.

CAPÍTULO VINTE E CINCO

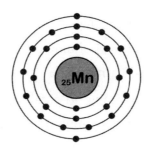

MnO_2 (dióxido de manganês), KI (iodeto de potássio) e catalase (enzima existente no sangue) são três catalisadores clássicos para a decomposição da água oxigenada. Catalisadores são substâncias que aceleram reações químicas, como, por exemplo, uma reação de decomposição. A formação de água e oxigênio a partir da água oxigenada acontece naturalmente com o decorrer do tempo, mas pode demorar anos se a substância for bem armazenada (em local fresco e protegido da luz). Pois é aí que entra a ação dos catalisadores: são capazes de acelerar essa decomposição para que ocorra quase por inteiro em questão de minutos ou até de segundos.

– Vou mostrar para vocês a rapidez com que a decomposição da água oxigenada acontece utilizando o iodeto de potássio – falou o professor, levantando-se e dirigindo-se a um armário com portas de madeira colocado no canto da sala. – Normalmente, nas farmácias, compramos água oxigenada de 10 volumes. Outra hora explico esse negócio de "volume", mas está relacionado com a concentração da substância. Tenho aqui uma mais caprichada, de 120 volumes, ou seja, 12 vezes mais concentrada que essas compradas nas farmácias. Olhem só o que vou fazer.

Então, sobre uma pequena mesa localizada ao lado do armário, colocou um copo, despejou uns dois dedos da água oxigenada (daquela "caprichada") e adicionou um pouquinho de detergente. Todo esse material ele ia tirando do tal do armário de porta de madeira.

– E agora, uma pitadinha do catalisador, e vocês verão o que acontece – disse o professor pegando no armário um pote de plástico preto. – Este aqui é o iodeto de potássio, um sal.

Com o auxílio de uma pequena espátula (não daquelas de cortar bolo, e sim um instrumento muito utilizado para pegar quantidades determinadas de reagentes químicos; a do Alquimista era como uma minúscula colher com cabo longo), pegou uma pequena quantidade de iodeto de potássio e, antes de despejar sobre a água oxigenada com detergente, preparou o público:

– Senhoras e senhores; quero dizer, senhora e senhor, atenção para o que vai acontecer – e deixou cair dentro do copo o pó branco contido na espátula.

Imediatamente, brotou do líquido uma espuma branca que rapidamente se avolumou, subindo cada vez mais, até ultrapassar a borda do copo, como um cilindro, espumoso e aparentemente rígido, que se levantava até perder o equilíbrio e se curvar para um dos lados, derramando-se sobre a mesa, avolumando-se mais e mais.

– Tchãrããããã! – exclamou empolgado o professor. – Alguma dúvida que esse pozinho aqui acelera a reação da água oxigenada? Em questão de segundos, a maior parte dela se decompôs, liberando oxigênio gasoso que, com a presença do detergente, formou toda essa espuma. Sem detergente, o efeito também é muito interessante, mas fica para outra oportunidade.

– Não papai, faz agora, por favooor! – suplicou a filha.

– Agora não, Gi! Agora precisamos estudar as ligações químicas existentes em todos esses compostos – respondeu seu pai, deixando para trás os últimos vestígios de reação acontecendo sobre a mesinha do canto da sala.

Já sentado e com a folha de trabalho do Hélio diante de seus olhos, o professor prosseguiu:

– Diga-me, Hélio, quais são os tipos de ligações químicas presentes no iodeto de potássio, no dióxido de manganês, na catalase, na água oxigenada, no hidrogênio e no oxigênio?

– Desculpe professor, mas não faço a mínima ideia. Não entendi uma única palavra do que o professor Valdir ensinou sobre isso.

– Santo Deus! Então, vamos começar mais de baixo. Você tem alguma noção de distribuição eletrônica?

– Nem ideia!

– Já ouviu falar sobre "átomos"?

– Claro que já, professor. Também não exagere.

– OK, Hélio. Também já deve ter alguma noção de prótons, nêutrons e elétrons, suponho. No núcleo de um átomo, existem prótons e nêutrons, e os elétrons viajam ao redor do núcleo, relativamente longe dele, na região denominada eletrosfera. O átomo do elemento hélio, por exemplo, contém dois prótons e dois nêutrons no núcleo, e dois elétrons na eletrosfera. Já que você gosta de desenhar, desenhe você aqui neste papel.

– Como? Eu me desenhar? – perguntou Hélio, sem entender.

– Sim, desenhe um átomo de hélio.

– Ah! – o menino se contentou com a interjeição, pois não se sentiu suficientemente à vontade para acrescentar: "engraçadinho".

Rapidamente, seguindo as instruções do professor, fez quatro bolinhas no centro do papel, identificando-as com um sinal de mais (+) para os prótons e com um ponto (•) para os nêutrons e, antes que desenhasse os elétrons, fez um círculo, pontilhado, sobre os quais deveria desenhar essas partículas identificadas com um sinal de menos (-).

– Você deve saber – prosseguiu o Alquimista com a explicação – que os prótons têm carga elétrica positiva, os elétrons negativa e os nêutrons, como o próprio nome diz, são neutros, sem carga positiva nem negativa. Por isso, te pedi para fazer esses sinais. Para não estragar o "hélio" aqui que ficou tão bom, você poderia repetir o desenho, igual a esse, onde poderemos acrescentar depois mais partículas.

Em alguns segundos, Hélio fez um novo desenho, com dois prótons, dois nêutrons e dois elétrons, como o anterior, e, com a caneta empunhada, esperou novas instruções do professor:

– Muito bem, Hélio. Repare que, neste desenho, existem duas partículas positivas, os prótons, e duas negativas, os elétrons. Por isso, a carga total é zero, ou seja, o átomo é neutro. Você deve saber que é a quantidade de prótons que determina qual é o elemento químico a que estamos nos referindo. Por exemplo, se colocarmos mais um próton neste núcleo, independentemente da quantidade de nêutrons ou elétrons, teremos um novo elemento químico, o lítio, que é inconfundivelmente identificado por possuir três prótons. Tenho aqui uma tabela periódica que vai nos ajudar. Veja agora, por exemplo, o flúor. Este número nove, que está aqui na tabela, indica o número atômico do elemento, que coincide com a quantidade de prótons. Tudo muito simples: o hélio tem número atômico dois (dois prótons), o lítio três (três prótons) e o flúor nove (nove prótons). Transforme este átomo desenhado em lítio. Basta colocar mais uma bolinha com um sinal de mais e, para manter a neutralidade do átomo, precisaremos colocar um elétron, a bolinha com o sinal de menos. Mas espere! Faça outro círculo para colocar esse novo elétron. Exato. Ah, e coloque mais dois nêutrons, para ficar mais correto. Isso, perfeito!

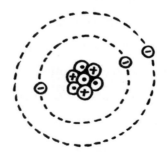

E o professor continuou falando:

– Repare, a quantidade de partículas no núcleo é muito próxima deste outro valor que está aqui na tabela periódica, abaixo do elemento.

Como cada próton e cada nêutron pesa uma unidade, a massa do elemento, neste caso, vale sete. Veja que aqui na tabela está seis vírgula nove, ou seja, quase sete. A massa do elétron é desprezível e, por isso, não faz diferença na massa total do átomo.

Observando seu próprio desenho, Hélio se lembrou de algo das aulas do professor Valdir:

– Valência! – exclamou com a mesma entonação com que Arquimedes deve ter gritado *Eureca*. – Sei que a palavra "valência" tem algo a ver com a localização dos elétrons.

– Bom, com certeza tem a ver sim – respondeu o professor. – Chama-se "camada de valência" a camada mais externa onde os elétrons estão localizados em um átomo. Para começar, você precisa ter em conta que os elétrons não ficam circulando o núcleo como a Lua orbita ao redor da Terra. Imagine que este círculo, onde estão os elétrons, é, na verdade, uma esfera (claro, não é possível desenharmos em três dimensões) e é nesta superfície imaginária que existe a maior probabilidade de encontrarmos os elétrons em um átomo. Confesso que estou simplificando as coisas para esta nossa primeira aula. Futuramente, com seus novos conhecimentos, poderemos nos aproximar mais da realidade. Por hora, basta saber que os elétrons sempre se encontram em camadas ao redor do núcleo, e a camada de valência é justamente a camada mais externa. No caso desse átomo de lítio que você acabou de desenhar, existe um único elétron em sua camada de valência.

– Papai, não estou entendendo nada – disse a menina com a franqueza própria da idade. – Essa matéria que você ensina é muito difícil.

– Claro que você não está entendendo nada, Gi. Você fica

olhando para o Hélio ao invés de acompanhar a explicação com os desenhos.

– É que ele tá fazendo uma cara engraçada. Eu acho que ele também não tá entendendo nada.

– Estou sim, é que estou concentrado – apressou-se em dizer o menino. – Não é tão difícil assim. Não mesmo. Por que o senhor não explicou assim nas aulas da escola?

– O problema não foi eu ter explicado assim ou de outra maneira durante as aulas. O problema é que você sempre estava distraído, provavelmente contando quantos minutos faltavam para acabar cada aula. Desculpe eu dizer isso, mas percebia-se que te faltava interesse.

– É verdade, o senhor tem razão. Mas não precisava ter me entregado assim, na frente da sua filha.

– Por isso que te pedi desculpas antecipadamente. Mas não acho ruim que ela saiba como você realmente era, para que seja testemunha da pessoa que você vai se tornar.

Hélio recebeu essas últimas palavras como um balde de água fria, ficando sem reação. Quer dizer que o Alquimista tinha esperança de sua mudança? Será que ele próprio, Hélio, acreditava que poderia encarar os estudos de maneira diferente? Sim, ele acreditava! A verdade é que estava gostando daquela aula, e estava curioso para saber aonde o professor iria chegar com aquele papo de camadas eletrônicas e tudo mais.

– E então, rapaz – disse o professor. – Podemos prosseguir?

– Sim, sim – respondeu Hélio, ainda um pouco aéreo. – Vamos lá.

– Bom, o próximo passo, agora, é desenhar o átomo de flúor. No caso, são nove prótons, dez nêutrons e, para garantir a neutralidade do átomo, nove elétrons. Vá se acostumando: na primeira camada, só cabem dois elétrons. Os demais elétrons estão na segunda camada, onde cabem no máximo oito. Aqui, no flúor, teremos sete na camada de valência. Pronto, olha que átomo bonito!

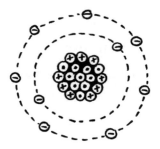

Percebia-se o Alquimista cada vez mais empolgado:

– Nem sempre os átomos se sentem estáveis, satisfeitos. Um parêntese: os átomos não têm sentimentos e, se digo que estão satisfeitos, felizes, intranquilos ou entediados, é pura força de expressão. Pois bem, os átomos muitas vezes buscam uma condição de maior estabilidade, e isso nos remete a uma regra importante.

– A regra do octógono! – interrompeu Hélio, no seu segundo *Eureca* da tarde.

– Não, Hélio – respondeu sorrindo o professor. – Octógono é onde os lutadores de UFC se enfrentam. Você está querendo dizer "regra do octeto".

– Isso, foi o que quis dizer.

– O que os átomos mais querem é se parecer com um gás nobre. Na prática, desejam possuir oito elétrons na camada de valência, a não ser que tenham apenas uma camada e, assim, não poderão ter mais que dois elétrons. Costumamos chamar "configuração eletrônica" a distribuição de elétrons nas diversas camadas de um átomo. No caso do lítio, aproveitando aqui o desenho, é fácil perceber que estará mais estável se receber sete elétrons na sua segunda camada (e isso o tornaria semelhante ao neônio, um gás nobre). Mas, sem dúvida, ao invés de ganhar sete elétrons, é mais viável perder seu único elétron existente na segunda camada. Assim, com um elétron a menos, o lítio terá a configuração eletrônica semelhante ao átomo de hélio, outro gás nobre. Mas preste atenção: agora, o lítio tem mais prótons que elétrons (continua com três prótons, mas possui apenas dois elétrons) e, por isso, sua carga total será positiva. Sim, apenas *uma* carga positiva, pois é a diferença entre prótons e elétrons. E o flúor? Neste caso, o mais fácil é que ganhe um elétron e, assim, já se parecerá ao neônio, com oito elétrons na camada de valência (octeto completo). E que carga terá o flúor, depois de ganhar um elétron? Terá *uma* carga negativa, pois tem um elétron a mais, se comparado a seu átomo neutro. Sem querer abusar da sua boa vontade, Hélio, você poderia fazer mais um desenho com esses dois átomos já mais estáveis.

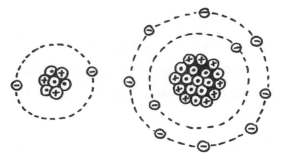

À guisa de conclusão, o professor continuou:

— Como, nesta nova situação, o lítio é positivo e o flúor negativo, eles poderão estar juntos, mantendo-se unidos por atração eletrostática. Afinal, como você sabe, cargas opostas se atraem. Isso é o que se chama de ligação iônica, e é esse tipo de ligação que existe no iodeto de potássio e no dióxido de manganês. Bom, Hélio, não tive escolha. Tive que começar mais de baixo, e só agora chegamos nas ligações químicas. Mas imagino que você queira voltar logo para casa, e aposto uma limonada galega que você não falou para sua mãe que viria me visitar.

Hélio não respondeu e permaneceu imóvel, decidindo se deveria voltar para casa, sem ter resolvido todas suas dúvidas a respeito do trabalho, ou pedir que o professor continuasse a aula, correndo o risco de que sua mãe lhe telefonasse. Enquanto pensava, a filha do Alquimista pediu o que, no fundo, Hélio também queria:

– Papai, faz a experiência da água oxigenada sem o detergente!?

– Como diria o ditado modificado por mim: "O que vocês não me pedem chorando que eu não faça reclamando?" Ha, ha! Vamos lá. O problema é que, sem o detergente, a reação é mais violenta e pode espirrar líquido no chão. Mas tudo bem, posso usar menores quantidades e evitar maiores catástrofes. Aliás, ainda não expliquei o que são os "volumes" da água oxigenada. Como sabemos, a água oxigenada está sempre misturada com água (não oxigenada), em diferentes proporções. A de 10 volumes é pouco concentrada. Se ocorresse a decomposição completa da água oxigenada nessa concentração contida em um copo desses, o gás oxigênio gerado seria capaz de preencher 10 copos desse mesmo tamanho. Ou seja, se eu separar um litro de minha água oxigenada de 120 volumes, poderei obter, a partir da sua decomposição, 120 litros de gás oxigênio. Interessante, não?

Já estava tarde e Hélio tinha mesmo que voltar para casa. Sorte que, horas antes, quando saiu de casa, seus pais estavam entretidos na TV e, provavelmente, demoraram para sentir a falta do menino. Assim, seria fácil lhes convencer que havia saído para caminhar um pouco pelo bairro com a intenção de exercitar a perna e recuperar a normalidade de seus movimentos. Preferiu não falar isso para o professor, dando-lhe a impressão de que queria voltar logo para não preocupar sua mãe.

Acabada a experiência com a água oxigenada sem detergente, que não demorou mais do que poucos minutos, Hélio se despediu:

– Tchau professor. Obrigado por tudo e me desculpe pelo copo quebrado.

– Não se preocupe, Hélio. Foi um prazer receber tua visita. Mas sei que precisaremos nos ver novamente para que eu termine de explicar as ligações químicas. Quando você preferir. Costumo sair pela manhã, e é quando levo a Gi para o tratamento. Mas, à tarde, sempre estou em casa.

– Obrigado professor. Até qualquer hora. Bom fim de semana. Tchau Gi, foi um prazer te conhecer.

– Tchau Hélio – respondeu a menina. – Volte outra hora pra tomar um suco de limão do meu pai. O de hoje não valeu.

– Com certeza – disse o Alquimista. – Nosso limoeiro dá limões o ano inteiro. Tchau Hélio, e vá com calma com essa tua perna machucada.

CAPÍTULO VINTE E SEIS

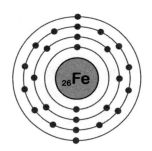

Feliz! Hélio se sentia particularmente feliz. Essa felicidade procedia de muitas razões mescladas em sua alma.

Entendera algo de Química. Quem diria? Presenciara duas reações muito legais. Conhecera a Gi.

Não sabia ao certo seu nome. Por ora, era simplesmente "Gi". Estava convicto de que jamais conheceria uma menina mais *cute-cute* que aquela. Não era nenhuma paixão amorosa, nada disso. Era tão somente o deslumbramento de conhecer uma menina... completamente diferente do ser que a gerou. Não que os traços fossem outros. Ela era indiscutivelmente filha do Alquimista. Mas, por que Hélio os considerava tão diferentes? Durante o tempo que esteve estudando na casa do professor, a menina falara pouco, mas o suficiente para deixar patente toda sua esperteza. Talvez, tenha sido essa inteligência, para uma menina de 11 anos, que cativou Hélio.

Feliz, mas amargurado. Uma felicidade amarga, como um delicioso suco derramado, perdido ou azedado. A menina estava doente. Uma doença grave. Não era um simples resfriado ou um cotovelo ralado. O Alquimista estava preocupado, seriamente preocupado. A que cirurgia fora submetida aquela criatura frágil? Hélio reparou uma discreta coxeada nos movimentos da menina. Cogitaram amputar-lhe a perna? Meu Deus, que crime! Que gravidade teria, de fato, sua doença? Sim, Hélio estava preocupado com a Gi. Por isso que não conseguia esquecê-la.

As reações com a água oxigenada foram mesmo muito boas. Hélio inclusive se lembrou de outra experiência que vira na Internet alguma vez, mas que na ocasião pensou ser pura tapeação. Como era possível que a Coca-Cola pudesse espumar tanto em contato com uma simples bala Mentos? Pois vira uns dois vídeos sobre isso, só que a coisa parecia espetacular demais para ser verdade. Mas, enfim, se a água oxigenada podia fazer tanta espuma, e mesmo sem o detergente a reação era violentíssima, por que a Coca-Cola também não poderia? Aliás, agora estava curioso. Qual era o gás presente nos refrigerantes? Seria o mesmo da água gaseificada? O fato é que tinha uma Coca de dois litros na geladeira e um pacotinho de Mentos na gaveta de sua escrivaninha. Por que esperar mais? A hora era agora!

Andando com a agilidade de alguém que nunca havia sequer torcido o dedinho do pé, foi até a cozinha, pegou a garrafa de Coca, ainda fechada, já levando no bolso as balas Mentos. Teve o bom senso de não executar o experimento na mesa da cozinha ou mesmo em algum outro cômodo da casa. Foi até o quintal dos fundos, posicionou a garrafa, abriu-a e, rapidamente, jogou uma bala em seu interior. Efeito imediato. Como um gêiser em erupção, a espuma jorrou gorgolejante. Merecia uma filmagem. Os vídeos da Internet não mentiam.

Não reparou que o Edu, seu irmão, estava sentado na jabuticabeira a poucos metros. Edu era ligeiro e subia e descia em árvores como um esquilo à flor da idade. Assim que viu a garrafa espumando, pulou do galho e saiu correndo em sua direção. Enquanto a espuma ainda fluía, ajoelhou-se ao lado da Coca e, inclinando-se, como que para fazer respiração boca a boca em alguém desfalecido, começou a sorver o líquido espumoso, por alguns segundos, até que resolveu pegar a garrafa de uma vez e emborcá-la para beber o restante do líquido. O menino era maluco! E se tivesse sido jogado algum veneno dentro da garrafa? Hélio ficou bravo com a insanidade do irmão, e tentou arrancar-lhe a garrafa das mãos. Como o Edu resistisse, espirrou Coca para todos os lados – não piorando em nada a sujeira que já estava feita –, encerrando a questão com o grito da Tati:

– Manhêêê, o Hélio e o Edu estão brigando!

De volta a seu quarto, Hélio pensava no trabalho de Química. Ainda não estava resolvido o problema, mas não pretendia incomodar o Alquimista no dia seguinte, em pleno domingo. Melhor passar lá na segunda-feira, apesar do pouco tempo que restaria para a finalização do trabalho. De qualquer modo, valia a pena esperar. Paciência.

Foi dormir com os pensamentos na Gi. Giovana, Gisele, Giulia ou Giani? Do fundo de seu coração, desejava que não fosse Gioconda, Gisberta ou Gilcimar. Meio que quebraria o encanto da menina. Por hora, seria simplesmente Gi. Pobre Gi. Que doença terrível a atormentava! Como lhe aliviar o sofrimento? Talvez ela também gostasse de ver a experiência da Coca. Poderia até propor para o Alquimista fazer na mesa redonda da sala. Seria engraçado ver o professor bravo diante da sala emporcalhada. A sujeira feita pela água oxigenada seria fichinha perto da lambança que a Coca faria. Mas não seria justo. A Gi não merecia isso.

CAPÍTULO VINTE E SETE

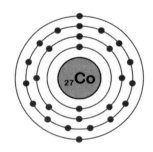

Coca e Mentos

Não leia o que aqui escrevo
Nessas linhas a lógica é ausente
E de que importa a lógica, quando se sente?
E sinto. E como sinto!
Por isso estou incoerente
Impaciente, inconsciente
Numa incontinência de sentimentos
E explodo, como uma Coca
Quando nela se atira um Mentos.

Hélio Veiga

O menino acordou inspirado!

CAPÍTULO VINTE E OITO

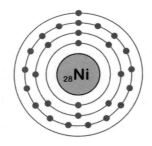

Ninguém imaginaria que, de paspalho, o menino passaria a poeta. Será que a Gi ia gostar da poesia? Talvez sim. Correria o risco? Talvez ela não entendesse nada e considerasse o menino o rei dos patetas. Melhor guardá-la. Escondê-la. Esquecê-la. Esquecer a poesia, não a Gi.

***

Mal terminou de almoçar na segunda-feira, Hélio se preparou para ir à casa do Alquimista. Sentia certa ansiedade. Desejava dar fim ao seu trabalho de Química e, admitia, queria também rever a Gi. Quanto ao Alquimista, já não se assustava tanto com ele. Havia quebrado o gelo. Já não eram inimigos mortais.

Preparado para enfrentar as ligações químicas? Imaginava que sim. De qualquer forma, não tinha saída. Para que fazer mais considerações?

Já não precisava mais das muletas. Estava andando quase que normalmente e, assim, pôde chegar à casa do Alquimista em pouco mais de cinco minutos.

Tocou a campainha e, desta vez, o professor saiu da casa com uma expressão de "já sei quem deve estar chegando". Sem muitas delongas, os dois se cumprimentaram e, assim que entraram na casa, Hélio se adiantou em perguntar:

– E sua filha, como está?

– Na mesma. Não é doença que se cure da noite para o dia. Deve estar acordada. Daqui a pouco ela aparece aqui. Mas não vamos perder tempo. Sábado, mal começamos estudar as ligações iônicas; temos muito trabalho pela frente. Até prefiro que a Gi continue no quarto, ela ainda não está preparada para estudar esse tipo de coisa. Espero que um dia esteja...

– Estou curioso, professor. Qual é o nome de sua filha? Digo, o primeiro nome inteiro.

– Gisele. Foi minha esposa quem escolheu o nome. Na época, eu queria que se chamasse Valéria, minha primeira professora de Química. Mas foi voto vencido. Minhas outras filhas também preferiam o nome Gisele.

– Sei. E sua esposa? Não mora com o senhor?

– Não. Ela morreu. Não falemos disso agora. Teremos outras oportunidades.

O Alquimista, evidentemente emocionado, tinha os olhos vermelhos e falava com dificuldade. Esforçando-se para se refazer, prosseguiu:

– Vamos lá. Aqui temos bastantes folhas de rascunho, e isso é fundamental para o aprendizado. Rabiscar o máximo possível.

– Então vamos – Hélio respondeu rapidamente, aliviado por o professor ter mudado logo de assunto. – No sábado, o senhor estava me falando que a ligação iônica era feita pela atração de átomos com cargas positivas e negativas.

– Exatamente – respondeu o professor, orgulhoso pela retomada certeira do aluno. – Estou vendo que você acompanhou bem a aula. Os átomos com cargas elétricas são chamados de íons. Aqui estão os átomos que você havia desenhado. Lembra-se que este era o lítio, certo? Com uma carga positiva, pois perdeu um elétron. Ou seja, é um íon e, neste caso, o íon chama-se cátion, por ser positivo. Quando um íon tem carga negativa, é chamado de ânion, que é o caso aqui do flúor, que ganhou um elétron para estabilizar sua camada de valência. Não é à toa que o tipo de ligação entre esses íons se chama ligação iônica. Preferi que você desenhasse o lítio e o flúor, porque são menores. Mas o potássio se comporta de maneira semelhante ao lítio, perdendo um elétron de sua última camada, ficando com oito elétrons na sua nova camada de valência, tornando-se um cátion. E o iodo se comporta de maneira semelhante ao flúor, ganhando um elétron e se transformando em ânion. A terminação "eto" do iodo indica que ele é um ânion – iodeto, ânion do iodo. Pronto, agora você já sabe como é a ligação do iodeto de potássio, é uma ligação iônica entre os íons potássio e os íons iodeto. Quando essa substância está no estado sólido, encontra-se como um aglomerado bem organizado desses dois íons e chamamos isso de rede cristalina. Faça um desenhinho aí. É difícil convencer os alunos que os compostos iônicos não formam moléculas. Daqui a pouco te explico exatamente o que são moléculas.

O professor orientou o aluno a fazer os desenhos diferenciando os tamanhos dos íons potássio e iodeto, pois o potássio é menorzinho. Depois do desenho pronto (que originalmente continha somente os íons, mas que foi posteriormente complementado com o que só uma mente fértil como a de Hélio seria capaz de criar), o Alquimista continuou:

– Excelente. O trabalho que o professor Valdir passou pede que você descreva as ligações químicas de compostos utilizados em alguma experiência caseira. Não sei se poderíamos dizer que a decomposição da água oxigenada com o iodeto de potássio é uma experiência caseira, mas a verdade é que a realizamos em casa; então, tá valendo. O dióxido de manganês também age como catalisador dessa decomposição, e você, para deixar o trabalho mais completo, poderia falar sobre ele. Então é o seguinte: o dióxido de manganês possui um metal em sua composição e, por isso, como ele está ligado a um elemento químico que não é um metal (o oxigênio), também é constituído por ligações iônicas, pois os metais têm uma forte tendência a doar elétrons para os não metais, formando os íons. De fato, cada oxigênio ganha dois elétrons. Como são dois oxigênios para cada manganês, adivinhe quantos elétrons perde o átomo de manganês?

– Quatro, suponho.

– Na mosca! Entendeu o que é ligação iônica? Então, procure suas próprias palavras para explicar isso no trabalho. Agora, precisamos falar sobre as ligações existentes nos demais compostos: água oxigenada, água e oxigênio. A catalase, como eu já disse, também age como catalisador para a nossa decomposição, e o tipo de ligação existente entre seus átomos é o mesmo desses outros compostos, chamada ligação covalente. Serei sintético, como sempre. Concentre-se.

– OK. Manda bala.

– Como você bem sabe, Hélio, normalmente os átomos ganham estabilidade ao completarem com oito elétrons suas últimas camadas. Imagine o oxigênio. Ele tem seis elétrons na sua camada de valência e precisaria de mais dois. Uma possibilidade é um átomo de oxigênio se unir a um átomo de hidrogênio compartilhando dois elétrons (um do hidrogênio e outro do oxigênio). É como o chimarrão. A mesma cuia pode ser compartilhada entre duas ou mais pessoas. Mas no caso das ligações covalentes, o compartilhamento é sempre entre dois átomos e sempre serão dois elétrons compartilhados, normalmente um de cada átomo. Vamos fazer um desenho diferente agora: o elétron do hidrogênio poderia ser representado com um xis e os elétrons do oxigênio poderiam ser representados com um ponto. Circule os elétrons compartilhados entre os dois átomos. Isso. Repare que, no desenho do oxigênio, só estão representados os seis elétrons da camada de valência, os outros dois da primeira camada não irão interferir em nada.

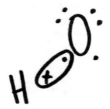

E o professor não parava de falar, com uma fluidez impressionante, atestando que, de gago, não tinha nada:

– Veja que, considerando os compartilhamentos, agora o hidrogênio tem dois elétrons e isso já lhe satisfaz, pois o hidrogênio não poderia ter mais elétrons que isso. Mas o oxigênio ficou com sete elétrons e ainda falta mais um para completar o octeto. Ligando-o a outro hidrogênio, resolvemos todos os problemas, e todos os átomos ficam satisfeitos.

– Ah, esta é a molécula da água – Hélio exclamou.

– Exatamente. E repare na diferença com os compostos iônicos. Não há um aglomerado quase infinito de partículas positivas e negativas, e sim um conjuntinho de poucos átomos, que chamamos de "molécula". Entendeu? As ligações químicas que mantêm unidos os átomos de hidrogênio e oxigênio na água são as ligações covalentes. O mesmo acontece com as moléculas de água oxigenada e oxigênio. No oxigênio, entre dois átomos, há compartilhamento de quatro elétrons. Já disse que a ligação covalente consiste no compartilhamento de apenas dois elétrons, mas, para compartilhar quatro, basta considerarmos que existem dois compartilhamentos, ou seja, duas ligações, que chamamos, na verdade, de ligação dupla. Vamos desenhar.

— Olha só, e não é que estou entendendo mesmo? — Hélio admirou-se.

De repente, o professor mudou de assunto:

— Hoje de manhã, a Gi colheu uns limões para que eu te fizesse um suco. Ela já imaginava que você passaria aqui.

— Ela imaginava ou o senhor lhe sugeriu essa possibilidade?

— Ela é muito esperta, pega as coisas no ar.

Pega as coisas no ar? E por que ela teria dito que não estava doente? Realmente teria chance de se curar? Ou esse louco não lhe disse que possui uma doença grave?

— Sim, parece ser esperta sim — disse Hélio, em meio a seus pensamentos.

— Você percebeu... não vê a hora de voltar à escola. Ela se parece muito com minhas outras filhas. Todas foram excelentes alunas. Hoje, as duas mais velhas estão casadas e moram longe — o professor se calou por alguns segundos. — Infelizmente, moram longe e trabalham a semana toda. Não podem estar perto de mim e da Gi. É uma pena.

— Mas é grande a diferença de idade entre elas...

— As duas primeiras têm diferença de três anos e a Gi nasceu 12 anos depois da Graziela, minha filha do meio.

— E qual é o nome da mais velha?

— Beatriz, como a amada de Dante.

— Ah, amada de Dante...

— Conhece o Dante?

— Haamm, não!

— Dante Alighieri, que escreveu a Divina Comédia.

— Ah sim, já ouvi falar sim.

— Que bom. Grande livro, muito bom. Você gosta de ler?

— Mais ou menos.

— Que livro você já leu que não tenha sido obrigado pela escola?

— Um ou outro, não me lembro agora.

— Ou seja, nenhum. A leitura é uma coisa boa. Você devia ler um pouco de vez em quando. Acredite, é uma boa alternativa para não gastar horas sem fim no videogame e na Internet.

— Mas eu gosto de videogame, e nem passo tantas horas assim no computador.

— Sim, mas descobrir o gosto pela leitura não tem preço. Experimente. E não é só para passar o tempo, mas é um grande investimento para a vida. Conhece a frase de Mário Quintana, "Os verdadeiros analfabetos são aqueles que sabem ler e não leem"? Exatamente, quem não lê, não sabe o quanto está desaproveitando da vida...

Enquanto o Alquimista falava, a Gi entrou na sala.

– Oi papai. Oi Hélio – disse a menina.

– Oi Gi – disse um.

– Oi Gi – disse o outro.

– Perdi muita coisa da aula? – voltou a dizer a menina.

– Aula? – perguntou o pai. – Você deve estar brincando, né Gi? Você não ia querer continuar ouvindo aquele monte de nomes difíceis, não é mesmo?

– Claro que estou brincando, papai. Eu queria voltar pra escola, mas pra aprender como todo mundo. Por que eu tenho que ficar em casa?

– Porque você precisa melhorar, meu amor. Mesmo que você esteja se sentindo bem, precisa antes melhorar um pouco mais – o Alquimista falava com uma voz carregada de tristeza. Mas, de modo repentino, animou-se. – Vamos preparar uma boa limonada?

– Ainda não terminamos o trabalho, professor.

– Eu sei, Hélio. Mas um suco gelado e adoçado pode muito bem restituir nossas forças para enfrentarmos até mesmo um troll ou um zumbi.

CAPÍTULO VINTE E NOVE

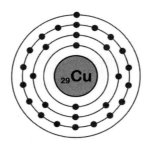

Curioso o professor falar em trolls ou zumbis... Será que ele também gastava horas no videogame? Mas impossível que fosse mais viciado que Hélio. O garoto poderia tocar no assunto; um pouco de distração não faria mal. Besteira. Melhor se concentrar no aprendizado da Química e deixar pra lá esse negócio de videogame ou jogos com zumbis.

Depois do suco de limão, apreciado por todos, o professor explicou para Hélio os demais itens do trabalho de Química. Essa parte foi rápida, e logo o menino estava se despedindo do Alquimista e da Gi. Dessa vez, sua mãe já sabia onde ele estava, e não se opôs a que o filho fosse buscar ajuda para seu aprendizado. Quem sabe, assim, o moleque tomasse jeito e começasse, dali por diante, a estudar um pouco mais.

Voltando para casa, não pôde deixar de pensar no desejo que a Gi tinha de voltar para a escola. Era um contraste absurdo. Ele, já quase um homem barbado, sempre birrento quando o assunto era "estudo", e a menina, doente, lamentando-se por não poder estudar.

Em casa, Hélio chegou contando:

— Mãe, o professor me ensinou tudo pro meu trabalho. Rendeu bastante.

— Que bom, filho.

— Ele tem uma filha que está com câncer. Ela é uma gracinha... Morro de dó.

— Sim, eu soube.

— Como assim? Já sabia disso? — Hélio estava espantado.

— Sim, ele próprio nos contou, para mim e para seu pai.

Não é possível. Quando eles teriam se encontrado? Será que conversaram no dia que foram chamados na escola para tratar da suspensão de Hélio? Poderia apostar que não, pois a mãe deu mostras de desconhecer o Alquimista quando o viu no supermercado. Hélio tentou juntar as peças do quebra-cabeça, mas não conseguiu:

— Quando vocês se encontraram com ele?

— No dia que fomos à delegacia.

— Delegacia?

— Sim, é o nome de uma repartição da polícia, onde tem o delegado e...

— Mãe, lá vem a senhora com suas piadinhas. Eu sei o que é uma delegacia. Mas quando vocês se viram lá?

— Faz um tempo – agora dona Yolanda retomara a seriedade. – No dia em que fomos reconhecer os assaltantes que nos roubaram.

— Mas eu nem soube disso! E o Alquim..., digo, o professor Geraldo estava lá?

— Sim, e pudemos conversar um pouco. Ele também foi assaltado semanas antes de nós. Ele deve ter te contado.

— Não, nem mencionou nada do assunto.

— Te falou da doença da filha e não te contou sobre a morte de sua mulher?

Hélio sentiu um choque na espinha, especificamente na região cervical. Tomou um susto, pois não esperava ouvir aquilo. A mulher do Alquimista teria morrido – ou melhor, teria sido morta – em decorrência do assalto? Seria possível que a morte anunciada nos jornais, ocasionada por aqueles bandidos, tenha sido justamente da mulher de seu professor? Deus do céu, que triste coincidência. Depois que se recompôs, Hélio perguntou:

— Sério que a mulher dele morreu no assalto?

— Sim, foi o que nos contou. Que coisa horrível. E ainda o coitado tem uma filha com câncer.

Dois golpes em menos de dois meses... Quanta tragédia!

CAPÍTULO TRINTA

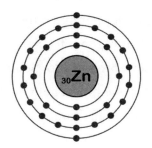

Zneider. Niels Henrick Zneider. O loirinho metido a besta mal havia chegado na escola e já era a sensação. Além de ser bonito, ter nascido na Dinamarca e falar com um sotaque horrível, manjava muito de Química e respondia na lata tudo o que o professor Valdir perguntava. Sentava-se logo atrás de Hélio na sala de aula, mas raramente se falavam. Afinal, Hélio não ia com a cara do moleque. Eis o que havia de podre no reino da Dinamarca...

Durante uma aula de Química, foi ele, Zneider, quem fez a pergunta:

– Prrofessorr, a senhorr pode explicarr as exceçóes do regrra do octeto? Eu vi na livrro que o fósforro e o enxofrre podem terr mais de oito eletrronos no camada de valéncia.

– Claro Schneider – o professor sempre errava o nome do menino.
– Quando algum átomo possui pelo menos três camadas eletrônicas, pode acontecer de ele se estabilizar com mais de oito elétrons...

E o professor prosseguiu com o falatório.

Hélio, com as recentes explicações do Alquimista, conseguiu pegar uns setenta por cento da explicação do professor Valdir. Ficou animado. Não conseguiu resolver o desafio lançado pelo professor no final da explicação – responder por que o fósforo forma dois cloretos, o $PC\ell_3$ e o $PC\ell_5$, enquanto o nitrogênio forma somente um, o $NC\ell_3$ –, mas já estava satisfeito com seu aprendizado. Sentia esperança de recuperar suas notas. Poderia apostar que tiraria pelo menos nota oito no trabalho de Química. Talvez, o professor já o entregasse corrigido no dia seguinte.

***

Dia seguinte.

Nota nove no trabalho de Química, com a observação "conteúdo bom e respostas corretas, mas português sofrível".

Português sofrível! Hélio reconhecia que sua gramática não era das melhores. Mas é tão importante assim escrever corretamente? Poderia apostar que o professor entendera todas as suas repostas, mesmo sem os acentos agudos nos atomos e nas aguas, ou escrevendo excessão com dois ésses. Sinceramente, faz tanta diferença assim? Afinal, o importante não é fazer-se entender? Com quantas picuinhas se preocupam os professores!

Uma coisa sim era importante naquele momento: havia tirado nota nove no trabalho, e isso era motivo para comemorar com rojões e salva de tiros de canhões. Hélio daria um beijo no Alquimista. Brincadeira! De qualquer forma, seria justo agradecê-lo.

Sem tardar, Hélio foi naquela mesma tarde à casa do professor Geraldo. Era quinta-feira, início de abril.

Tocou a campainha e, 10 segundos depois, o professor já estava na sua frente, dando-lhe "boa tarde". Mal respondeu, Hélio acrescentou:

– Tirei nove no trabalho de Química. Aqui está!

– Puxa, parabéns. Olha só, que bela nota... Português sofrível?! Por quê? O que você escreveu de errado?

– Nem queira saber, professor. Nunca fui bom de gramática.

– Isso seria diferente se você tivesse o hábito de leitura. Quem lê bastante costuma ter mais facilidade para expressar suas ideias e escrever com um português correto.

– Sei – Hélio se limitou a responder.

– Venha cá, vamos entrar. Vou te emprestar um livro de literatura.

– Não precisa, professor. Eu tenho um monte de livros em casa. Eu pego algum pra ler, prometo.

– Mas você sabe os livros que têm na sua casa? Sou capaz de apostar que ficam nas prateleiras e você nem se dá ao trabalho de saber do que se tratam.

– Bom... Mas vou dar uma olhada. Se eu não me interessar por nenhum, eu te falo.

– Combinado. Tenho aqui vários livros ótimos, e tenho certeza de que, bem escolhido, algum te cativaria.

– Me cativaria? Se tiver recheio de doce de leite e cobertura de calda de limão, quem sabe.

– Como?

— Brincadeira — Hélio se apressou a dizer, mudando rapidamente de assunto. — Mas preciso ir, professor. Só vim mesmo agradecer a ajuda. Nem vou entrar, porque minha mãe está esperando o leite que vou buscar no mercado.

— Não se preocupe, Hélio. Volte quando quiser — respondeu o professor com um sorriso que, a bem da verdade, era-lhe mais habitual que sua cara de mártir sofredor.

Hélio tinha que admitir: apesar dos reveses pelos quais passara o professor, habitualmente estava sorrindo e todo o seu mau humor e truculência não eram mais do que fruto da imaginação do garoto.

Era verdade que Hélio tinha que comprar leite para a mãe, pois, de outro modo, ficariam sem o bolo para o aniversário do Edu no dia seguinte. Mas era igualmente verdade que queria evitar ficar mais tempo com o professor, porque, agora que conhecia as circunstâncias da morte de sua esposa, não sabia como abordar o tema (se é que seria adequado abordá-lo).

Então, Hélio foi embora, andando aceleradamente até o mercado, adiando qualquer outro tipo de conversa com o Alquimista. Nem ao menos perguntou sobre a Gi.

CAPÍTULO TRINTA E UM

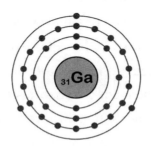

Gastou, entre a visita ao professor e a compra no mercado, menos de 30 minutos. Algo instigou o menino para que fosse tão ágil: o desejo de ver a Gi. Não saberia explicar o porquê, mas, de repente, esse desejo se tornou mais forte que a repulsa pelo diálogo com o Alquimista. Entrou no mercado decidido a, quanto antes, voltar para ver a menina. Hélio queria saber se ela estava bem e, além disso, desejava também que soubesse o quanto ele mandou bem no trabalho de Química. Nove vírgula bola! Que diferença faz um risco tangenciando um círculo, capaz de transformar um zero em um nove. Que orgulho!

Deixou o leite em casa e voltou à rua Machado de Assis, já com o plano em mente.

Dim-dom.

– Olá professor, sou eu de novo.

– Mas que prazer revê-lo e que surpresa que seja depois de tão pouco tempo.

– Sim, foi o que combinamos. Dei uma olhada nos livros que tenho em casa e nenhum me interessou.

– Mas como deu tempo de você fazer isso? A não ser que tenha só dois ou três livros na casa inteira.

– Não, tenho vários. Dei uma olhada por cima, passando os olhos. Sério, só tem livro chato na minha casa.

Que cara de pau esse Hélio. Ele não tinha sequer entrado no escritório do pai, onde ficava a maior parte dos livros da casa. Além do mais, seus pais se empenhavam em criar nos filhos o gosto pela leitura e, em diversas oportunidades, tinham levado livros interessantes para casa. Nessas ocasiões, Hélio folheava os livros, mas não ia além disso; nunca os pegava para ler de verdade.

– Como está a Gi? – perguntou Hélio, desviando o assunto para seu campo de interesse.

– Para falar a verdade, está muito bem – respondeu o professor. – São incríveis esses tratamentos. Não que eu acredite que a cure, neste caso, mas lhe alivia muito as dores e permite que eu a tenha comigo por mais tempo.

Hélio ficou calado, pois o Alquimista tinha o poder de muitas vezes deixá-lo constrangido. O que responder? Que o professor não se preocupasse porque a filha iria se curar? Que tudo acabaria bem? Diria o famoso clichê "tudo vai dar certo"? Melhor permanecer em silêncio. A perplexidade do silêncio é preferível à vergonha dos chavões.

Depois de cinco segundos que pareceram cinco minutos, o professor quebrou o silêncio:

– Vamos entrar. Aí, você fala um "oi" para ela.

– Pode ser, mas não quero incomodar.

– Claro que não incomoda.

Hélio entrou e deparou-se com a menina em frente à TV, assistindo à reprise do *Sabadão da Ilusão*.

– Oi Hélio – disse a Gi, virando-se para ele.

– Oi Gi, você também gosta do *Sabadão*?

– Ah, até que sim! Prefiro os desenhos que passam de manhã, mas desde que comecei a radioterapia não consigo mais assistir.

– Que pena. Mas que negócio é esse de radioterapia?

– É o tratamento com um aparelho que solta raios invisíveis e serve pra curar minha perna.

– Raios invisíveis?

– Meu pai que me disse. Pede pra ele te explicar – e olhou para seu pai, com um olhar suplicante.

– Posso te explicar, Hélio – disse o professor –, mas será uma longa história...

Mais uma vez, Hélio ficou mudo, sem saber o que dizer. Estaria disposto a enfrentar mais uma sessão de aprendizado de Química? Respirou fundo e preparou-se. Da última vez, não foi tão ruim e conseguiu aprender de verdade. Antes que pensasse em responder algo do tipo "então vamos lá, professor, explique-me o que significam esses raios invisíveis", o Alquimista tomou a dianteira:

– Vamos sentar aqui nas poltronas. Gi, vou desligar a TV para podermos conversar em paz. Pronto. Ah, vou pegar uma tabela periódica para lhes mostrar uma coisa bem interessante.

Em questão de poucos segundos, o professor Geraldo estava de volta, segurando um grande papel enrolado em uma das mãos. Antes de se sentar, desenrolou o papel, deixando-o aberto sobre a mesinha circundada pelas poltronas onde estavam sentados. Era uma grande tabela periódica, com o logo do *Colégio Repercussão* estampado no canto superior direito. Com a tranquilidade de alguém que inicia um discurso muito bem ensaiado, o professor tomou a palavra:

– Bom, antes de tudo, quero dizer que há dias esperava pela oportunidade de expor para vocês algumas coincidências que tenho observado.

O menino e a menina olhavam curiosos para o Alquimista, que parecia se deliciar ao prosseguir com sua fala:

– Hélio, qual o número de sua casa?

– Pela pergunta, tenho certeza que o senhor já sabe, professor, mas é 238.

– Certo, sem dúvida que eu já sabia, mas vamos lá: dois, três, oito. Acho que não é novidade para você, Hélio, mas cada elemento da tabela periódica tem um número de identificação, que corresponde à sua quantidade de prótons, e é chamado número atômico. Pois bem, vamos tomar os três elementos correspondentes ao número de sua casa: dois, três e oito.

– O dois é o hélio – apressou-se a dizer o garoto, percebendo a coincidência do primeiro algarismo do número 238 com o elemento químico que levava seu nome. Continuando a consulta à tabela, acrescentou: – O três é o lítio e o oito é o oxigênio.

– Muito bem. E quais são os símbolos desses três elementos?

– "Agá é", "ele i" e "ó".

– Pois leia essas letras de maneira corrida.

– Hee-lii-oo... Hélio!

– Viu que legal? O 238 forma o nome Hélio.

Só mesmo o Alquimista pra pensar nessas coisas!

– Nossa, legal mesmo! – Hélio disse. – Que coincidência!

– Coincidência sim, mas que não para por aí. Você também já aprendeu nas suas aulas de Química que cada elemento tem uma massa atômica, que corresponde à soma do número de prótons e do número de nêutrons. Na verdade, muitas vezes, o mesmo elemento pode ser encontrado com quantidades diferentes de nêutrons. Por exemplo, a maior parte dos átomos de oxigênio encontrados na natureza contém oito nêutrons, além de oito prótons, obviamente. Por isso, a maior parte dos átomos de oxigênio tem massa igual a 16. Mas existem também oxigênios com nove ou dez nêutrons, com massas, nestes casos, de 17 ou 18.

– Já aprendi isso sim, mas não sabia muito bem não – Hélio interrompeu. – Tem algo a ver com os isótopos?

– Exatamente. Tem *tudo* a ver com os isótopos. Existem três isótopos do oxigênio: o oxigênio 16, que é a grande maioria, o oxigênio 17 e o oxigênio 18. E, onde eu queria chegar: você sabe qual o isótopo mais comum do urânio, que é um famoso elemento radioativo?

– Deixe-me procurar aqui na tabela... Ah, ele está aqui embaixo – Hélio apontou para a parte inferior da tabela, enquanto a Gi só observava. – A massa dele é, ah, 238!

– Isso mesmo. O nosso número mágico. E, posso te perguntar? Você entende algo de radioatividade?

– Nadinha.

– Então, curto e grosso, radioatividade é a propriedade de alguns átomos emitirem partículas ou radiação eletromagnética. E essas emissões procedem dos núcleos desses átomos. O urânio de massa 238, por exemplo, tem um núcleo bastante grande e relativamente instável. Assim, espontaneamente, existe a emissão de partículas alfa, que nada mais são que dois prótons e dois nêutrons. Ou seja, assim que o urânio emite esse tipo de partícula, ele passa a ter dois prótons e dois nêutrons a menos. Claro, neste caso, ele deixa de ser urânio e passa a ser o elemento tório, que possui dois prótons a menos.

– Ah, certo.

– Esse tipo de emissão se chama *decaimento*. Assim, podemos dizer que o urânio decai transformando-se em tório. Mas, não sei se você percebeu, Hélio. Uma partícula alfa é igual a sabe o quê?

– Como assim?

– A composição da partícula alfa é exatamente igual ao núcleo de um átomo de hélio: dois prótons e dois neutrons. Taí outra coincidência com seu nome e o número 238.

– Vishe, será que entendi bem?

– Aposto que sim. O urânio 238 (que é como este isótopo é chamado) decai emitindo partículas alfa. Ou, em outras palavras, decai emitindo núcleos de átomos de hélio. E sabe mais o quê?

– ...? – Hélio não produziu nenhum som, mas fez uma cara de interrogação.

– Essa propriedade dos núcleos de alguns átomos emitirem partículas ou radiação é justamente a base do tratamento da Gi. Daí o nome – radioterapia. Terapia, ou tratamento, por meio de radiação, muitas vezes proveniente de elementos radioativos.

– Nossa, que coisa maluca todas essas coincidências.

– Sim, mais do que você imagina. Mas acho que a coisa ficaria complicada demais se eu quisesse te explicar tudo com os devidos detalhes.

– Pai, quais são os elementos químicos que formam meu nome? – finalmente a menina disse alguma coisa.

– Ah filha, eu poderia dizer caso você se chamasse Geseli.

CAPÍTULO TRINTA E DOIS

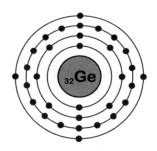

Geseli... "Gê é" de germânio, "ésse é" de selênio e "éle i" de lítio. Quais outras palavras poderiam ser formadas com os elementos químicos? À noite em seu quarto, Hélio abriu o livro amarelo cor de vômito na página 127 – onde estava a tabela periódica – e ficou tentando compor palavras com os símbolos dos elementos. Achou que seria tarefa fácil, mas não foi tanto assim. Pensou em "policial" (com os elementos polônio, lítio, carbono, iodo e alumínio), compôs a palavra "bronca" (com bromo, oxigênio, nitrogênio e cálcio), ocorreu-lhe a palavra "lunático" (com lutécio, nitrogênio, astato, iodo, carbono e oxigênio). Muitas palavras tinham mais de uma combinação possível. Outra possibilidade para "lunático" seriam os elementos lutécio, sódio, titânio e cobalto. Trocando o cobalto pelo cálcio, formaria o feminino, "lunática".

Hélio estava se divertindo. Deve ter sido contaminado pelo mesmo mal que atacava o Alquimista. Pensou até em jogos que poderiam ser criados dessa maneira. Com os símbolos dos elementos químicos, seria possível formar diferentes palavras, nomes próprios, frases (tanto com sentido quanto sem pé nem cabeça). Bastaria estabelecer as regras e soltar a imaginação (com uma tabela periódica na mão, claro).

Poderia "brincar" disso com alguém? Melhor não. Com que cara ficaria se algum colega o surpreendesse divertindo-se com uma tabela periódica diante dos olhos? Tem certas coisas que é melhor guardar para si, sem que ninguém fique sabendo.

***

As semanas foram passando e o nojo pela Química foi abrandando. Já conseguia acompanhar até que bem as aulas do professor Valdir. Num determinado dia, sabe-se lá porque cargas d'água, o professor comentou ("gente, olha só que interessante") que existem muitos produtos químicos que são empregados na área criminal, permitindo a identificação de drogas, a detecção de sangue, a visualização de impressões digitais e a análise de tudo o que pode ser indício para desvendar um crime.

– Professor, o que é que fica azul brilhante em cima de onde tinha sangue?

Silêncio! Ninguém estava acostumado com Hélio fazendo perguntas, muito menos em uma aula de Química. Perder o nojo pela matéria não é o mesmo que participar ativamente das aulas.

O mais incrível não foi a perplexidade dos alunos com relação à pergunta de Hélio. O espantoso foi o silêncio do professor, que parecia não saber o que responder. Abria e fechava a boca como um peixe fora d'água, mas não emitia nenhum som. Hélio já vira muitos professores falando as maiores bobagens quando não sabiam responder devidamente a uma pergunta. Alguns desconversavam, outros inventavam as coisas mais absurdas. Raros diziam que não estavam seguros sobre um assunto e esclareceriam oportunamente. Mas, um comportamento como o do professor Valdir naquela ocasião, Hélio jamais vira.

Engraçado que, quando mais conviria ao professor que os alunos continuassem falando entre eles, desinteressados do que acontecia na frente da sala, justamente aí o silêncio reinava, absoluto. Todos aguardavam o desenrolar dos acontecimentos. Nessas horas, cinco segundos já são uma eternidade. No caso, a mudez do professor durou umas duas eternidades. E o silêncio reinava. Finalmente, a voz saiu:

– O que fica azul onde tinha sangue? Não gosto de charadas, Hélio. Se for para arriscar uma resposta, eu diria que tem algo a ver com os gases nobres, já que são os nobres que têm sangue azul.

Aí Hélio foi ao delírio. Caiu na gargalhada, aumentando o embaraço do professor. Charada? De onde o professor tirou essa ideia? Hélio não estava fazendo porcaria de charada nenhuma. Só queria saber o que o perito criminal havia jogado na pia no dia em que fora investigar as marcas deixadas pelos bandidos em sua casa. Que piada esse professor Valdir.

– Desculpe professor – disse Hélio, recompondo-se –, mas não fiz uma charada. Eu só queria saber sobre um produto que se joga onde pode ter vestígios de sangue...

– Já ouvi falar disso... – e o professor colocou a mão na testa, coçando-a como que tentando ativar a parte do cérebro onde as lembranças ficam guardadas. – É alguma coisa que faz o sangue brilhar.

– Sim, isso eu sei. Mas é o quê? Aliás, nem tinha sangue direito na pia, quando eu vi fazendo isso.

– Você viu alguém fazendo isso? Mas onde?

Nesse momento, Hélio ficou mudo, abrindo e fechando a boca que nem peixe fora d'água. Nunca dissera sobre o assalto aos colegas, e não pretendia trazer o assunto à tona. Passou uma eternidade antes do menino dizer algo.

– Foi num programa da TV – mentiu, encurtando a conversa.

***

Teria que perguntar ao professor Geraldo. Apostava que saberia a resposta daquela... "charada".

– Professor, o senhor gosta de charadas? – Hélio foi logo perguntando, assim que se encontrou com o Alquimista, no portão da casa do professor.

– Gosto sim, manda brasa.

– Brincadeira. Na verdade, não é uma charada e, sim, uma simples pergunta. O senhor sabe qual a substância que fica azul quando é borrifada sobre vestígios de sangue?

– Ah sim, o luminol – respondeu o professor com uma prontidão de espantar. – É um composto orgânico que é luminescente quando entra em contato com o ferro contido na hemoglobina do sangue. A bem da verdade, o luminol reage com água oxigenada, que já é misturada nele, e o ferro nada mais é do que um catalisador. A reação acontece mesmo que o sangue esteja em quantidades mínimas e invisíveis a olho nu.

Hélio se perdeu no começo da fala do professor, embora já conhecesse muito bem os termos "água oxigenada" e "catalisador". O que seria um *composto orgânico*? Só ouvira falar sobre lixo orgânico e alface orgânica, e nunca vira nada de comum entre os dois. Mas *composto orgânico* era novidade. Que seja! Também nunca ouvira falar sobre luminol, mas o nome lhe despertou um misterioso fascínio. Hemoglobina do sangue, sim, era algo familiar: não fazia nem duas semanas que tinha visto um documentário na TV que mostrava uma espécie de turnê pelo interior do corpo humano, começando pela boca, passando pela laringe, traqueia e brônquios, percorrendo as veias e artérias, visitando os ventrículos e átrios, esbarrando nas plaquetas, glóbulos brancos e vermelhos. E justamente aí – no glóbulo vermelho – está a hemoglobina, que lhe dá a coloração vermelha. Mas, então, existe ferro na hemoglobina? Deve ser tudo muito pequenininho, e o luminol é capaz de encontrá-lo?

– Acorde, Hélio! – falou o professor ao ver que o menino havia se perdido em pensamentos.

– Como? Ah, sim. Estava só pensando nesse luminol. Achei muito bonita a luz que ele soltou.

– Mas onde você viu isso? Na TV?

– Não, não. Em casa, quando foi o perito... – e aí Hélio se lembrou de que também nunca falara sobre o assalto com o professor. E falar sobre o tema significava falar de outro assalto: o do próprio Alquimista.

– Quer dizer que um perito criminal foi até sua casa para desvendar o crime? Eu não sabia disso. Seus pais não me falaram nada.

– Foi interessante o trabalho da polícia...

– Sim, a polícia trabalhou bem. Mas pena que nem o serviço mais competente do mundo pode trazer alguém de volta à vida.

Agora sim, Hélio ficou sem palavras. Sentiu-se imensamente encabulado, ainda mais quando viu os olhos do professor se umedecerem. O que fazer? Sentar e chorar, convidando o professor a fazer o mesmo? Que situação! Pensou em sair correndo, talvez em busca da Tati – sua irmã – para pedir conselhos sobre a melhor atitude a tomar. Ele era tão sem noção, que qualquer pessoa, até uma criancinha como sua irmã, saberia como conduzir a situação de maneira mais acertada. Mas não podia fazer isso. Sair correndo seria tão absurdo quanto cuspir na cara do professor criando um pretexto para mudar de assunto. O jeito era ficar calado, até o professor – mais velho e, portanto, mais experiente – dizer algo.

Mas o tempo foi passando e o Alquimista parecia fazer exatamente o mesmo: esperava Hélio tomar a dianteira para articular alguma palavra. Hélio começou a suar frio, pensando que o problema era insolúvel e teria que cair um raio entre os dois para quebrar o sinistro encanto. Tudo imóvel, os séculos iam transcorrendo. O menino imaginou que, depois de uma eternidade tão eterna, já teria completado uns 15 mil anos de idade. E os dois permaneciam calados. O professor Geraldo continuava choroso, com o olhar fixo no poste da rua e as mãos apoiadas no portão, e Hélio continuava perdido, com o olhar indo de um lado para o outro, como alguém que assiste a uma partida de tênis. E o silêncio persistia, impiedoso.

– Paiêêê, o Simba fugiu da jaaaula!

Ufa, o encanto foi quebrado. Santa Gi. Salvou a vida de Hélio, mesmo que fosse anunciando a fuga de um leão. Simba? Quem era Simba? Seria mesmo um leão?

Nisso, um cachorrinho chihuahua veio correndo na direção dos dois, latindo a intervalos espaçados. Hélio olhou para o animal, aliviado, enquanto o professor olhava para o cãozinho, desgostoso.

– Ei, Simba, volte já pra casa! – gritou o Alquimista, batendo o pé e apontando com o dedo indicador o interior da residência.

Ao contrário do que Hélio esperava, o animal obedeceu, sem retrucar (ou melhor, sem latir mais).

– Eu não sabia que vocês tinham um cachorro – falou Hélio, ainda confuso.

– Comprei há poucos dias, para distrair um pouco a Gi. Depois que minha mulher morreu... Sempre só eu em casa. Achei que seria bom ter, digamos, mais algo *vivo* na casa para minha filha se entreter.

– Meus pais me disseram sobre a morte de sua mulher. Sinto muito...

– Não precisa me consolar, Hélio. Tem sido difícil, sem dúvida, mas já não podemos fazer mais nada para reverter a situação. Sempre lembro do que a Gi me diz, embora seja difícil levar à prática: "Se choras porque não pudestes ver o Sol, as lágrimas te impedirão de ver as estrelas". Ela diz que é um provérbio indiano; não sei onde o ouviu. Essa minha filha! Às vezes, diz coisas que me desconsertam...

– Bonito esse provérbio.

– Hélio, eu te convidaria a entrar se eu não tivesse que sair com a Gi daqui a poucos minutos.

– Não se preocupe professor, não quero atrapalhar. Só vim perguntar sobre o luminol mesmo.

– Venha alguma hora conversar com a Gi. Acredite, ela gostou de você. Ela acha que você é engraçado.

– Ah, sério?

– Sério não, engraçado! Ha, ha! Por isso mesmo, seria bom você vir conversar com ela de vez em quando.

– Pode deixar professor. Amanhã passo aqui. Até mais.

– Tchau Hélio.

– Tchau professor Geraldo.

CAPÍTULO TRINTA E TRÊS

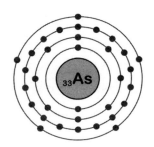

Assim que chegou em casa, Hélio ligou o computador. Ao digitar "luminol", encontrou um site com a imagem de um frasco repleto de um líquido azul brilhante que, como droga viciante, já havia se tornado sua cor preferida desde o dia da visita de Fred – o perito – em sua casa. Ao mesmo tempo, mais abaixo, o site apresentava um desenho bem do estilo que o Alquimista faria no quadro-negro: hexágonos, com linhas que saíam de seus vértices, alguns riscos duplicados, letras penduradas nas protuberâncias ou encravadas onde seriam dois dos vértices de um dos hexágonos.

Distraidamente, Hélio pegou um papel meio amassado que estava bem ao lado do computador e desenhou a molécula que aparecia na tela.

Se fosse para arriscar, diria que era a representação de uma "molécula química", apesar de ser uma representação diferente da que estava acostumado. Mas o professor já havia feito alguns desses desenhos. Isso mesmo, agora estava lembrando: um dia, a Ana Cristina – uma menina meio chatinha com quem Hélio nunca havia trocado uma palavra sequer – contou uma piada para o Alquimista, já na prorrogação do segundo tempo da aula, tendo acabado de tocar o sinal para a saída ("Um químico entra na farmácia e pergunta ao atendente: *Você tem ácido acetilsalicílico?*, ao que o atendente diz: *O senhor quer aspirina?* e o químico, meio sem jeito, responde: *Isso, eu sempre esqueço o nome!*"). O professor riu da piada e vários alunos também deram risada, mas Hélio não entendeu onde estava a graça daquilo, e só pôde ficar emburrado com sua própria ignorância e porque teria que esperar para sair da sala por causa da menina chata. Aí, o Alquimista teve a infeliz ideia de palestrar sobre o ácido acetilsalicílico, conhecido mundialmente com o nome de aspirina, fornecendo dados históricos, químicos e econômicos daquela droga (que, neste caso, é literalmente uma *droga*), e fez um desenho no quadro-negro. Isso mesmo! Esse desenho, do que ele disse ser a molécula em questão, era um desenho *estilo luminol*: hexágonos, traços e letras. Aliás, olha só, havia outro site dizendo que o "ácido acetilsalicílico é um *composto orgânico*".

Não custava ver algo sobre esse assunto de "orgânico". Muitos milhões de sites sobre isso. A palavra "química" poderia restringir um pouco mais a busca. Pronto, continuavam sendo milhões de sites, mas agora não eram tantos milhões assim. Interessante esse negócio de "química orgânica": é a parte da Química que estuda os compostos formados pelo elemento carbono. Existem as exceções, porque nem todos os compostos que contêm carbono são orgânicos, mas todos os compostos orgânicos contêm carbono. Outros elementos químicos são muito comuns nesse tipo de compostos: hidrogênio, oxigênio, nitrogênio, enxofre e fósforo. Mas, realmente, o astro da festa parece ser o carbono, e o hidrogênio – as evidências confirmam – é um companheiro inseparável.

Outra descoberta interessante, embora aterradora (*será que vou ter que decorar tudo isso pra prova?*): existem milhões de compostos orgânicos diferentes. Até o momento, Hélio conhecia dois (ácido acetilsalicílico e luminol) e estava vendo exemplos de alguns outros (metano, acetona, etanol, glicose, etc.). Mas jamais daria conta de saber todos; só se, ao morrer, fosse condenado ao inferno (aí sim, teria tempo de sobra para passar e repassar os nomes, propriedades, usos e métodos de síntese de todos os compostos orgânicos que a natureza e o ser humano já foram capazes de imaginar e, sem dúvida, seria um castigo bem compatível com a condenação eterna).

Mas, voltando ao luminol, como será que se produzia aquela cor magnífica? Como seria o "funcionamento" da molécula para que brilhasse de um modo tão maravilhoso? E onde entrava a água oxigenada e o ferro da hemoglobina nessa história toda? Seria difícil entender se não soubesse nem interpretar o desenho da molécula que via no site. Claro que as letras eram os elementos químicos que constituíam o composto ("N" de nitrogênio, "O" de oxigênio, "H" de hidrogênio). Aquele tracinho entre os dois nitrogênios seria, isso ele sabia, a representação de uma *ligação química* (ligação covalente, no caso). Não tinha ideia, porém, do que poderiam ser os demais traços e figuras geométricas. Mais um assunto para esclarecer com o Alquimista...

***

Conforme o prometido, Hélio voltou à casa do professor Geraldo no dia seguinte. Pretendia conversar um pouco com a Gi e, aproveitando a oportunidade, tirar umas dúvidas de Química.

Já era tarde avançada. Depois de tantas visitas à casa do professor, dispensava o excesso de cerimônia para entrar e "se sentir em casa". O Alquimista o recebeu com uma cara de satisfação, como se a vida estivesse lhe sorrindo:

– Que bom que você veio, Hélio. Eu precisava mesmo falar com você.

– Olá professor. Sim, eu disse que viria, e aqui estou.

– Não sei se você sabe, mas o aniversário da Gi está chegando e vamos fazer uma festinha. Por coincidência, agora mesmo eu estava conversando com ela e pensamos em você e nos teus irmãos. Eu gostaria de conhecê-los e a Gi ficaria feliz se todos vocês viessem.

– Ah, seria ótimo professor. Com certeza eles vão gostar muito da Gi. Ela está em casa? Faz um tempão que não a vejo.

– Pelo menos três semanas.

– Tudo isso? Não é possível.

– É sim. O tempo passa rápido e, mais um pouco, entraremos em maio. Parece que foi ontem que nos conhecemos, não é verdade?

— Bom, não sei. Aconteceram tantas coisas...

— Ah, isso é verdade. Mas vamos entrando.

— Licença — disse o menino ao entrar na sala. — Ontem estive vendo umas coisas na Internet e achei uma representação diferente da molécula do luminol. Tá aqui neste papel, mas não entendo direito o que isso significa.

— Ah, sim. Já falei sobre isso na sua turma na época em que eu estava dando aulas. Essa é a representação típica dos compostos orgânicos. Cada vértice representa um átomo de carbono; não estão desenhados os hidrogênios, porque um bom conhecedor do assunto sabe que todo carbono precisa fazer quatro ligações; então, a quantidade de hidrogênios é justamente a quantidade que falta para completar as quatro ligações. Olha como fica a mesma molécula representada de outra maneira.

E o professor Geraldo fez o desenho no verso do papel que Hélio lhe entregara.

— É a mesma coisa, só que com os carbonos e todos os hidrogênios representados — concluiu o professor.

— Ah, é simples assim? Lembro que o senhor já desenhou coisas daquele outro tipo no quadro, sem escrever os carbonos e os hidrogênios, mas eu não havia captado a explicação...

— Nem digo nada. Só digo para você se preparar porque a Gi está prestes a entrar na sala.

— Me preparar? Como assim?

Assim que Hélio ouviu os passinhos se aproximando lentamente, virou-se para o lado de onde eles vinham, e entendeu o motivo do alerta do professor. Tomou um susto fenomenal, deixando evidente que, de fato, não se preparara para a entrada da menina. Ela estava irreconhecível. Mentira. Era a mesma Gi de sempre, mas com uma diferença que... fazia toda a diferença. Ela estava careca, zerada! Mas seu sorriso era radiante e seus olhos brilhavam como dois diamantes. Hélio sentiu uma bola na garganta, que o fez engasgar.

— Oi Hélio – disse a menina.

Hélio, engasgado, só pôde sorrir – um sorriso confuso – apertando forte o ombro da Gi.

— Por que você demorou tanto pra vir? – voltou a dizer a garota. – Mais um pouco e talvez você não me encontrasse.

Com esforço, o garoto pôde retrucar:

— T-talvez não t-te encontrasse? Por quê? Pra onde você vai?

— Pra onde vou? Para o céu! Mas não sei quando. Sei que será logo.

— Que isso! Não diga uma coisa dessas. Você vai se curar, tenho certeza...

— Você é Deus? Quem mais sabe o que vai me acontecer?

– Você é uma criança, tem muita vida pela frente. Você vai ver, seus cabelos vão crescer novamente, você vai voltar pra escola, vai poder correr e fazer o que todas as meninas fazem.

O Alquimista não dizia nada, fingindo estar entretido com outros afazeres antes de, por fim, retirar-se para a cozinha. Hélio continuou:

– Eu não sabia que você tinha cortado o cabelo. Quando foi isso?

– Faz uns 10 dias. Começaram a cair depois que comecei a quimioterapia, e resolvi cortar de uma vez.

– Que pena, mas eles vão crescer novamente. Eram tão bonitos.

– Não me preocupo com isso. Sabe de uma coisa? Eu estava ficando muito boba, de tanto escovar e cuidar do cabelo.

– Mas toda menina na sua idade se preocupa com isso. Eu acho...

– Sim, mas desse jeito, quem sabe eu não ia acabar me tornando uma frívola?

– Frívola? De onde você tirou isso? – Hélio não entendia como uma garota daquela idade pudesse ter esse tipo de reação diante das próprias desgraças.

Nesse momento, o professor Geraldo interrompeu a conversa, entrando novamente na sala:

– Vamos comer alguma coisa, pessoal? Venham aqui na cozinha que tem um lanchinho preparado.

– Estou sem apetite, papai.

– Eu sei, meu bem. Com essas feridas na boca, é para qualquer um perder o apetite. Mas ao menos tome alguma coisa.

— Sim, minha boca está seca...

***

Depois de Hélio se fartar de pão com mortadela e suco de limão (enquanto a Gi bebia uns golinhos modestos de água tônica), Hélio falou, dirigindo-se ao professor:

— Professor, estive folheando o livro de Química e tem uma parte, que já ficou bem pra trás, que não tenho a mínima noção.

— Pois diga, Hélio.

— É sobre distribuição eletrônica. A gente estudou no outro dia os elétrons nas camadas de um átomo, mas o livro falava sobre uns papos de subníveis, orbitais...

— Sei, sei. Espere aqui que vou buscar umas folhas e uma caneta.

Sem tempo sequer para Hélio trocar qualquer palavra com a Gi, o professor já estava de volta com o material nas mãos:

— Vamos lá. É hoje que você vai descobrir um jeito bacana de se construir um prédio.

— Construir um prédio?

— Sim. É a maneira como costumo explicar essa matéria. É o seguinte: imagine um prédio contendo vários apartamentos, nos quais existem unicamente quartos, nada de cozinha, banheiro, sala, etc., e em cada quarto existem duas camas.

— Se for só pra imaginar, tudo bem. Sou capaz de imaginar até mesmo uma construção pegando fogo no fundo do mar.

— Pois bem, imagine que, nesse prédio, no primeiro andar, haja apenas um apartamento com um único quarto. Eu te pergunto: quantas pessoas cabem no primeiro andar?

– Bom, se no primeiro andar tem apenas um apartamento com um quarto e duas camas, então, cabem duas pessoas.

– Exato. Agora, vamos ao segundo andar. Lá, existe um apartamento idêntico ao do andar de baixo, ou seja, com um único quarto e duas camas, e há também outro apartamento, com três quartos, e dispensa insistir no fato de cada quarto conter sempre duas camas. Assim, quantas pessoas cabem no segundo andar desse prédio maluco?

Após pensar alguns segundos, Hélio respondeu:

– Oito; duas pessoas no apartamento com um único quarto e seis pessoas no apartamento com três quartos.

– Isso mesmo. Agora, vamos ao terceiro andar? O terceiro, além do apartamento com um único quarto e do apartamento com três quartos, tem também um apartamento com cinco quartos. Como você está cansado de saber, cada quarto contém duas camas. Então, quantas pessoas cabem no terceiro andar?

– Dezoito – respondeu Hélio com rapidez, pois já foi fazendo os cálculos ao longo da descrição do professor.

– Muito bem – disse o professor Geraldo, satisfeito. – Podemos continuar subindo pelo prédio? Agora, estamos no quarto andar. Aí, tem tudo o que tem no andar logo abaixo, os três apartamentos, com um, três e cinco quartos, e ainda tem outro apartamento com sete quartos.

– A cada andar está tendo um apartamento a mais, com dois quartos a mais.

– Bem observado. E quantas pessoas cabem, então, no quarto andar?

– Trinta e duas, se eu não me engano.

— Isso mesmo, você não se engana. Cabem, no máximo, 32 pessoas. Antes que eu descreva o quinto andar, quantas pessoas você acha que caberiam nele?

— Bom, se aí tiver mais um apartamento com nove quartos, então cabem 18 mais 32 pessoas. Ou seja, ... 50.

— Não significa que os apartamentos sempre estarão ocupados, mas o que interessa é justamente o limite máximo de ocupação dos andares.

— OK. Só precisa agora me dizer o que tudo isso tem a ver com a distribuição eletrônica.

— Simples. Cada andar do nosso prédio imaginário representa uma camada onde os elétrons podem ser encontrados. Lembra que conversamos no outro dia sobre o máximo de elétrons que pode conter a primeira camada? Justamente dois, como o número de pessoas máximo no primeiro andar do prédio. Aliás, vamos fazer um esboço desse prédio. Deixá-lo menos imaginário vai ajudar o entendimento do assunto.

E o Alquimista foi orientando o desenho do garoto, que representou cada apartamento por um quadradinho e, estando no mesmo apartamento, os quartos estavam separados por um traço pontilhado.

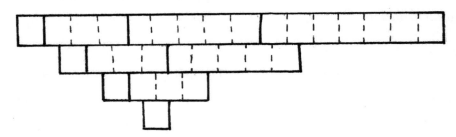

— Neste desenho – prosseguiu o professor –, todos os apartamentos estão vazios. Na eletrosfera de um átomo, cada andar se chama, na verdade, nível de energia, ou camada, como você já sabia. Cada apartamento é o subnível de energia. Cada quarto é um orbital. Como você bem pode imaginar, cada orbital pode conter no máximo dois elétrons. Para deixar nossa comparação ainda mais realista, vamos imaginar que, nos quartos, uma cama está paralela à outra, mas colocada no sentido inverso, ou seja, se em um quarto uma cama está com a cabeceira para o norte, a outra cama do mesmo quarto está com a cabeceira para o sul. Na Química, este posicionamento pode se comparar ao sentido de rotação do elétron, a que chamamos de *spin*. No mesmo orbital, se houver dois elétrons, um deles estará rodando para um lado e o outro para o outro. Aqui no desenho, podemos representar a pessoa sobre a cama como uma flechinha. No mesmo quarto, uma estaria para cima e a outra para baixo. Assim.

E o próprio professor desenhou um quadrado com as duas flechinhas.

$$\boxed{\uparrow\downarrow}$$

– Outra coisa – continuou o Alquimista. – Cada subnível tem um nome, representado por uma letra. O subnível com um orbital é o *s*, o subnível com três orbitais é o *p*, o subnível com cinco orbitais é o *d* e o subnível com sete orbitais é o *f*.

– Calma, calma, calma – Hélio disparou, defendendo-se do excesso de informação com uma súplica três vezes repetida –, tá muito rápido. O senhor quer dizer que é como se cada tipo de apartamento tivesse um nome?

– Isso mesmo. Não se preocupe, você está me acompanhando perfeitamente. É como se os apartamentos com um único quarto se chamassem "s", os de três quartos se chamassem "p", os de cinco quartos se chamassem "d" e os de sete quartos se chamassem "f".

– OK. Acho que estou entendendo.

– Esses subníveis (*s*, *p*, *d* ou *f*) são localizações mais específicas onde podem estar localizados os elétrons em determinada camada. Como no prédio: posso dizer que uma pessoa está, por exemplo, no terceiro andar, mas ainda posso especificar em qual apartamento desse andar. Os elétrons também, não estão todos espalhados em qualquer lugar nas camadas, eles estão em posições mais ou menos previsíveis, bem distribuídos nos subníveis disponíveis em cada camada.

– Que arquiteto seria capaz de projetar um prédio desses?! – disse Hélio, contemplando seu desenho.

– Não duvido nada que algum arquiteto projetasse algo do tipo. Eu tiraria, sim, o chapéu para o *engenheiro* que conseguisse construí-lo. Mas ainda não terminei de explicar. Não basta saber quantas pessoas cabem em cada andar, ou seja, quantos elétrons cabem em cada camada. Precisamos saber como o prédio vai sendo ocupado conforme vão chegando as pessoas. A ordem não é totalmente lógica, ocupando inicialmente o primeiro andar, depois o segundo, depois o terceiro, e assim por diante. Não. Na verdade, a ordem segue um diagrama, conhecido como diagrama de Linus Pauling, que é assim.

E o professor escreveu uma sequência de números e letras, cortados por flechas diagonais.

Durante todo esse tempo, a Gi parecia hipnotizada, embora seu rosto transparecesse um profundo abatimento.

– Repare, Hélio – continuou o professor. – A ocupação dos elétrons dentro de um átomo segue essas flechas. Vamos pensar, por exemplo, no átomo de ferro. Ele possui 26 prótons e, estando neutro, possui também 26 elétrons. Mas onde estão localizados esses elétrons? Simples. Se fôssemos colocar 26 pessoas no nosso prédio, colocaríamos uma por uma, seguindo a ordem estabelecida pelo diagrama. Primeiro, colocaríamos duas pessoas no primeiro andar. Depois, colocaríamos mais duas no apartamento de um único quarto do segundo andar e... Opa! Tive uma ideia!

– O quê? – perguntou Hélio.

– Vamos fazer um *flip book*, uma animação, com a ordem correta da distribuição eletrônica, de 0 a 26.

E, então, o desafio foi aluno e professor decidirem como poderiam fazer esse tal de *flip book*. Combinaram que Hélio faria o desenho do "prédio", preenchido com 26 ocupantes (que representariam os 26 elétrons do átomo de ferro); então, o Alquimista escanearia o desenho, reproduzindo-o várias vezes no computador, apagando a cada vez um dos ocupantes. Depois, bastaria colocar as figuras na sequência correta (começando pelo prédio vazio, terminando com o prédio ocupado por 26 pessoas). Um pouco de engenhosidade e conseguiriam uma coisa legal. Fariam isso sem pressa, talvez aproveitando o fim de semana, por puro divertimento. De qualquer forma, ficou também combinado que Hélio estudaria com mais calma aquela matéria, lendo o capítulo do livro. Esse tipo de assunto não se aprende de uma hora para outra e é necessário sedimentar os conceitos, revendo-os com mais calma.

Já estava na hora de Hélio se despedir, e a Gi, que aguardava ansiosa uma oportunidade, convidou-o para seu aniversário:

— Hélio, eu gostaria que você viesse no meu aniversário.

— Ah sim, seu pai comentou que está chegando. Doze anos? Já está ficando uma mocinha, hein?

— Sim, mas eu queria que viessem também teus irmãos.

— Pode deixar que falo com eles. Quando será?

— No outro domingo, às cinco da tarde.

— Está chegando...

— Tá sim, mas foi ontem que papai decidiu organizar uma festa. Mas não vou convidar muita gente.

— Na verdade, não será bem uma festa — corrigiu o professor.

– Será uma simples oportunidade para reunir os amigos mais próximos. Eu pensava na possibilidade de fazer uma festa animada, para muita gente, mas isso seria muito cansativo para a Gi. Não é verdade, meu anjo?

– É sim, papai. Ultimamente estou muito cansada...

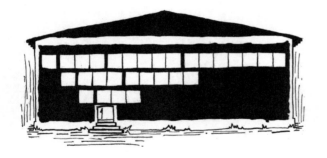

CAPÍTULO TRINTA E QUATRO

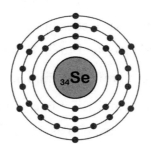

Sem comentários... bastava apreciar o efeito produzido pelo *flip book*. Mais do que um "prédio de elétrons", Hélio fez o que apelidou de "mansão dos elétrons". Além de tudo, o tal do *flip book* foi uma descoberta para Hélio; poderia fazer outras animações, pois habilidade com os desenhos ele tinha.

Na terça-feira à tarde da semana que antecedia o aniversário da Gi, Hélio foi à casa do Alquimista, pois estava com a pulga atrás da orelha. Em sua última visita, a menina lhe pareceu muito abatida, pálida, com dificuldade para andar e visivelmente mais magra. Não era possível. Teria que esclarecer de uma vez por todas quais eram as perspectivas de melhora da Gi. Hélio habitualmente tentava se enganar, acreditando que nenhuma doença mortal poderia abater-se sobre uma criatura daquelas. Mas já estava na hora de não mais tapar o Sol com a peneira. A menina piorava a cada dia, e ela própria já se conformara com o fim da história. Porque, aparentemente, toda história tem um fim.

Dim-dom.

– Olá Hélio, seja bem-vindo.

– Oi professor. Espero não incomodar.

– De maneira alguma. Vamos entrando.

– Gostaria de conversar a sós, antes de entrar – disse o menino, permanecendo imóvel do lado de fora do portão.

– Pois não – disse o professor, franzindo o sobrolho.

– O que acontece com a Gi? Ela está muito pior do que estava semanas atrás. E os tratamentos, não estão funcionando?

– Hélio, a Medicina avançou muito nesses últimos anos e possui recursos fantásticos para o tratamento de muitas doenças. Mas só Deus tem a vida nas mãos. Por mais que queiramos que alguém não nos deixe, não somos nós quem temos a última palavra. O amor faz milagres, mas não todos os que queremos.

O Alquimista falou bonito, mas a realidade continuava a mesma. Na verdade, para Hélio, a realidade ficou ainda mais indigesta, porque todo o discurso do professor transparecia algo muito simples, embora assombroso: "a Gi morreria em breve".

– Ela vai morrer? – perguntou Hélio, indignado.

– É o que temo – respondeu o professor, resignado.

– Ela sabe disso?

– Ontem você falou com ela... O que te pareceu?

Hélio não quis responder. Era evidente, a Gi se via caminhando para o fim. Mas – era incrível –, ela não se mostrava revoltada, desconsolada ou inconformada. Estava serena, transmitia paz. Onde encontrava forças para se manter assim? Era surpreendente a maneira como a menina acompanhava a conversa sobre a distribuição eletrônica no dia anterior. Via-se em seus olhos um brilho que deixara Hélio totalmente encabulado. É verdade que ele próprio estava seguindo a explicação com interesse, mas quantos anos indo à escola com total descaso? E via agora uma menina atingida por uma doença de morte, sem perspectivas reais de cura, querendo aprender uma matéria que estava muito além de sua capacidade, dada sua pouca idade. Que vergonha para Hélio. Dali por diante precisava encarar os estudos de outro modo, era evidente. Não poderia deixar as coisas continuarem como sempre foram, não seria justo.

O professor não quebrou o fio do pensamento de Hélio. Manteve-se em silêncio, pensando, ele próprio, na valentia que sua filha demonstrava durante todos os dias de sua doença. Orgulhava-se dela e, além disso, pressentia que, de alguma maneira, a menina influiria positivamente na vida de seu aluno.

– Gostaria de vê-la – falou o garoto, com firmeza.

– Pois entre, meu rapaz.

– Licença.

Ao entrar, Hélio viu a Gi deitada no sofá da sala, como que nocauteada:

– Oi Gi. O que aconteceu? Você parece mal...

– Oi Hélio. Estou bem. Apenas um pouco cansada.

– Você fica o tempo todo dentro de casa?

– Não. Saio muitas vezes pra ir ao hospital.

– Mas você precisa se distrair um pouco. Dar um passeio, caminhar no parque, sei lá.

– Não posso andar, não adianta. É melhor eu ficar aqui em casa mesmo.

Ouvindo a conversa entre os dois, o professor Geraldo se deu conta de que, efetivamente, sua filha passava muito tempo enfurnada dentro de casa. Quando saía, era só para coisas desagradáveis. Que cego havia sido por não perceber isso antes! Se não fosse o Hélio para despertá-lo...

– É verdade, Gi – disse o professor, categórico. – O Hélio tem razão. Você precisa respirar um pouco de ar puro, ver as flores, contemplar os patinhos no lago, beber água de coco... Vamos agora mesmo ao *Parque do Cumbuca*.

– Ah, papai – resmungou a menina. – Prefiro ficar aqui deitada. Não sou capaz de dar dois passos.

– Eu sei disso, filha. Mas eu te coloco na cadeira de rodas, e você vai ver como será bom. Além disso, levamos o Simba e também o Hélio vai conosco; não é, Hélio?

– Não precisa falar duas vezes – respondeu o garoto, contente. – Já faz tempo que estou querendo conhecer o *Parque do Cumbuca*.

– Como? – estranhou o professor. – Você nunca foi lá? O que você faz nos fins de semana?

Hélio não respondeu, contentando-se com um sorriso amarelo.

***

No parque, o Alquimista e Hélio empurravam a cadeira de rodas, cada um de um lado, e a Gi segurava a coleira onde estava preso o cãozinho.

Vendo a cara de contentamento dos três (da Gi, do Hélio e do Simba), o professor Geraldo percebeu que fizera a coisa certa ao ter acatado a sugestão de Hélio. Que boa ideia essa de visitar o *Cumbuca*! Quem sabe os novos ares do parque não teriam um efeito positivo na saúde da filha!? Ela contemplava admirada outras crianças correrem de um lado para o outro, as árvores frondosas e repletas de pássaros, as pessoas passeando com seus irmãos, filhos, pais, cães, etc. Que ambiente mais agradável.

– Obrigado, papai, por ter me trazido aqui – disse a Gi, que há tempos não se sentia tão leve.

– Agradeça ao Hélio, Gi – respondeu o pai.

– Que nada – falou Hélio. – Eu que agradeço a oportunidade de vir conhecer esse parque. É verdade, não o conhecia.

Mas, apesar de estar feliz, percebia-se no olhar da Gi certa inveja das pessoas que caminhavam sem qualquer dificuldade, das crianças que corriam despreocupadas pelos gramados do parque, daquelas três meninas que riam escandalosamente e comiam maçãs do amor, daquele casalzinho que estava sentado na grama e devorava compulsivamente as pipocas de um único pacotão, daquele gorducho que fazia sua corrida vespertina ouvindo alguma coisa pelos fones de ouvido. Sem dúvida, não se davam conta de que estavam fazendo algo surpreendente. Ser capaz de fazer uso das próprias pernas é uma coisa incrível. Ter a possibilidade de degustar (mastigar e engolir) qualquer guloseima é a melhor coisa que existe. Poder passar um dia no parque sem a certeza de que a morte está à espreita é simplesmente fantástico. Não é fácil se convencer, mas a vida é composta de pequenas coisas, que muitas vezes passam despercebidas. Pequenas coisas que pesam muito.

– Papai, existem coisas que são tão pequenas, mas que agora vejo que são tão importantes.

– É como a Química, Gi.

Hélio nunca considerara a Química como algo pequeno e importante. Pelo contrário, por um bom tempo considerou-a como um tremendo trambolho e, ainda por cima, absolutamente inútil. Mas, nessas alturas do campeonato, sua visão da Química não era tão ruim assim. De qualquer forma, só depois soube o que o Alquimista queria dizer com a frase "é como a Química". Foi quando o professor acrescentou:

– São como os átomos; partículas tão pequenas que... significam tanto na composição das coisas materiais.

Acabaram por se sentar em um banco desocupado, que dava de frente para uma

quadrinha onde alguns moleques jogavam futebol. Ao longe, ouviam uma música saída de um trompete localizado em algum lugar do parque. Percebendo o suspense deixado por suas últimas palavras, o Alquimista resolveu esclarecer o que estava querendo dizer:

– Vocês não fazem ideia de como são pequenas as partículas que compõem os átomos: os prótons, os nêutrons, os elétrons. Todos os prótons e nêutrons de um átomo estão no seu núcleo, que são minúsculos se comparados ao tamanho total do átomo. E os elétrons, que ficam dispersos no imenso espaço da eletrosfera, são menores ainda. Só para vocês terem uma ideia (embora essas aproximações sejam bem pouco exatas, porque depende muito do tipo de átomo sobre o qual estamos falando), imaginem que o núcleo de um átomo seja do tamanho dessa bola de futebol que esses meninos estão chutando. Nesse caso, os elétrons estariam a quilômetros de distância, e poderiam ser do tamanho de uma ervilha.

O Hélio e a Gi estavam como que congelados olhando o professor falar.

– E acreditem – continuou –, os núcleos dos átomos vizinhos estariam a mais ou menos 25 quilômetros de distância. Imaginem só, se conseguíssemos ficar ultrapequenininhos e entrássemos nos espaços vazios deste gravetinho. Veríamos que, na verdade, ele praticamente é todo um grande espaço vazio. Se ficássemos tão pequenos que os núcleos dos átomos chegassem ao tamanho de uma bola de futebol, teríamos que andar horas e horas para encontrar outro núcleo. É como se tivesse apenas uma bola de futebol em cada cidade do país. E, se andássemos sem direção determinada, provavelmente demoraríamos vários dias para encontrar um núcleo "perdido" neste grande espaço vazio. E, a todo o momento, veríamos os elétrons, como ervilhas, passando a uma velocidade absurda diante dos nossos olhos. Incrível, não é mesmo?

— Não consigo imaginar — disse Hélio.

— Nem eu — disse a Gi, quase ao mesmo tempo.

— E não é só isso — prosseguiu o professor —; praticamente toda a massa da matéria está concentrada nos núcleos dos átomos. Então, se o núcleo de um átomo fosse realmente do tamanho de uma bola de futebol, ela pesaria, acreditem, mais de um trilhão de toneladas.

— Que incrível, isso parece coisa de outro mundo — concluiu Hélio, impressionado.

— De certo modo, é um outro mundo — concordou o professor —, o mundo da Química. O mundo das coisas pequenas, mas que constroem as grandes.

— Como andar, comer ou... conversar — disse a Gi. — Pelo menos conversar eu posso, quando os remédios me permitem.

Nessa altura da conversa, o som do tal do trompete já estava muito mais alto. Quando se deram conta, um senhorzinho rechonchudo, com cabelos e cavanhaque grisalhos, e usando uma roupa em total desalinho, havia parado diante do banco onde estavam sentados, soprando aquele troço. Hélio tinha total preconceito para com os instrumentos de sopro, que para ele eram todos iguais: saxofone, clarinete, trompete... tudo era "corneta". Diante do senhor que os havia

escolhido como plateia para seu *showzinho* particular, Hélio fez cara de desgosto. A Gi, pelo contrário, abriu um sorriso, que refletiu nos olhos do *cornetista*. Percebendo a receptividade da menina, o dito cujo tocou um animado "Marcha soldado", acompanhado por um ridículo jogo de corpo, para um lado e para o outro, em compasso com as notas daquilo que provavelmente ele próprio chamaria de música. Finalizada a marcha, o senhorzinho se voltou para Hélio e, após respirar fundo, soprou uma nota estridente e cortante – agressiva –, que acabou por ofender de vez os tímpanos e os sentimentos do garoto. Abaixando o instrumento, retirou-se sem dizer palavras.

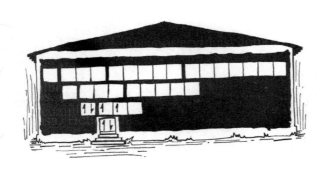

CAPÍTULO TRINTA E CINCO

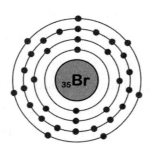

Brincando, brincando, Hélio já estava com uma boa base de conhecimentos químicos. Isso graças, em boa parte, aos papos com o professor Geraldo. Também já estava aproveitando melhor as aulas na escola e o tempo dedicado aos estudos.

Dois dias depois da ida ao parque, voltando da escola, Hélio relembrou do que o Alquimista dissera sobre as dimensões atômicas, e sentiu seus dedos formigarem de vontade de desenhar algo, nem que fossem umas bolas de futebol rodeadas por ervilhas, como uma espécie de *zoom* em um gravetinho de madeira.

Minutos depois, dona Yolanda se espantou com o alvoroço do filho ao chegar em casa. Hélio estava realmente agitado: bateu a porta ao entrar, arremessou a mochila sobre o sofá (errou a pontaria e a mochila caiu no chão após ricochetear no braço do móvel) e, após aquela passadinha básica no banheiro, acelerada ao máximo, foi de encontro ao almoço que a mãe já deixara preparado sobre o fogão. O menino estava faminto e devorou a comida em questão de poucos minutos. Quando estava com alguém, mantinha certa educação ao comer. Mas, sozinho, ele próprio reconhecia que fazia coisas que não poderiam ser tidas como dignas de um ambiente civilizado: suas últimas três garfadas, metidas na boca quase que simultaneamente, incluíam um pedaço generoso de bife, um bom punhado de arroz, meia batata (das grandes) e uma pelota de farofa acebolada (daquelas farofas bem molhadinhas que, justamente por isso, ficam empelotadas). Tudo isso deu numa *mistureba* de massa compacta que lhe obrigava a mastigar com certo custo, abrindo ao máximo a mandíbula, com as bochechas inchadas num esforço de conter tudo aquilo, enquanto a garganta tentava sugar a argamassa do jeito que podia. Em meio a esse processo de mastigação de dar inveja a qualquer hipopótamo, Hélio se dirigiu à sala e, com a velocidade de uma ave de rapina na captura de um ratinho indefeso, pegou a mochila caída no chão. Abriu-a com um *ziiiiiieeeeep* e tirou de dentro seu caderno e o estojo com lápis de cor. Outro *ziieep*, mais curtinho, do estojo, e despejou todos os lápis na mesa.

Sem pensar muito, começou a desenhar o que tinha em mente. Sua mãe passou pela sala e viu o menino de tal maneira concentrado sobre seus desenhos (ela percebeu, eram

"desenhos-estudo" e não "desenhos-mata-estudo"), que não ousou interrompê-lo. *Como pode alguém mudar tanto em tão pouco tempo?*, pensava. No fundo, sentia que essa mudança era para melhor. Semanas antes, Hélio tinha um comportamento completamente diferente. Só estudava quando a corda estava no pescoço. Agora, ao que parecia, tinha arrancado todas as cordas de sua vida: estudava porque o conhecimento lhe empolgava, e não por outras razões que deixavam a vida estudantil amarga e cinzenta. Provas, pontuações, castigos, recompensas: tudo isso perdia o sentido agora que estudava por uma escolha íntima e pessoal. Dona Yolanda pressentia um "dia das mães" diferente naquele ano, dali a 10 dias. Agradeceria a Deus, mais uma vez, seus três belos filhos, com um orgulho secreto daquele que era o mais velho. Intuição de mãe: esse menino vai longe. Quem sabe não seria um médico famoso, o diretor de uma multinacional, um jornalista renomado ou um político respeitado? Casaria com uma menina bonita, de boa família. Um menino tão inteligente, tão especial. Um arroto! Em meio aos retoques finais da *enésima* ervilha, Hélio soltou um sonoro arroto (não intencional, vale lembrar). Continuou a desenhar, como se nada tivesse acontecido. A mãe, pelo contrário, saiu dos seus devaneios, retornando ao mundo real: foi lavar a louça que o filho deixara suja sobre a pia.

***

O aniversário da Gi estava sendo ansiosamente esperado pelo Alquimista, porque seria uma grande oportunidade para a menina se distrair e estar com suas amigas. Sabia, não o podia negar, que, salvo um milagre, seria o último aniversário da filha. Por isso, ele próprio faria o máximo para cuidar dos pequenos detalhes.

Chegou o dia quatro de maio, domingo, uma semana antes do

dia das mães. Conforme a vontade da aniversariante, os dois irmãos de Hélio foram à casa do Alquimista naquele dia.

– Parabéns Gi – Hélio cumprimentou a garota, assim que a viu no sofá da sala. – Esses são meus irmãos, o Edu e a Tati. Trouxe aqui uma lembrancinha pra você.

– Ai Hélio, obrigada, não precisava – disse a Gi, recebendo o pacote que Hélio lhe entregava. – Oi Edu, oi Tati. Que bom que vocês vieram.

– Oi, parabéns.

– Oi, parabéns.

– Só chegou a gente? – espantou-se Hélio, ao perceber que não havia mais ninguém na sala.

– Ninguém é tão pontual como você, Hélio. Mas minhas amigas devem chegar a qualquer momento.

Hélio não se importou muito com a observação da Gi, mesmo sabendo que não era bem verdade (no que se referia à sua pontualidade). Mas, foi só falar, a campainha tocou e entrou uma cambada de meninas (umas 10 ou 12). Fatalmente, haviam combinado de chegarem juntas, porque seria impossível que a chegada de todas coincidisse exatamente no mesmo instante. Como é de se imaginar (afinal, era uma dúzia de meninas reunidas), a algazarra foi grande, com "parabéns" pra cá, "felicidades" pra lá, beijinhos pra todos os lados. Cada uma das meninas

trazia também um embrulho nas mãos, exceto uma que era irmã de outra e, então, um mesmo presente era das duas. A Gi estava feliz. Quem tivesse dois olhos na cara sabia que sua felicidade não era por conta dos presentes, e sim pela presença das amigas. Habitualmente, nos últimos dias, recebia poucas visitas, porque seu pai preferia restringi-las para poupar a filha do cansaço que elas causavam (só quem já passou por essas situações ou acompanhou alguém com esse tipo de doença sabe quanto custa esquecer as próprias dores para dar atenção aos outros). Mas, mesmo assim, ela tinha muitas amigas e gostava de estar com elas. Enfim, a Gi estava feliz.

É incrível como são as meninas. Minutos depois de chegarem, foram para o quarto da aniversariante, fechando-se lá. A Tati foi junto, e apenas os homens ficaram para fora, como que ignorados. Mas isso não era problema, porque Hélio não ficaria à vontade no meio daquelas meninas mais novas do que ele, e também o Edu não tinha interesse por brincar de bonecas (ou do que quer que estivessem brincando dentro do quarto). Assim, os dois se reuniram na cozinha com o Alquimista, que estava entretido em enrolar os brigadeiros. Ótimo, porque poderiam ajudá-lo a passar os docinhos no granulado e colocá-los nas forminhas.

— Professor, não consegui esquecer tudo aquilo que conversamos no parque. Até fiz uns desenhos com bolas de futebol e ervilhas.

— Ah é? Qualquer hora quero ver esses teus desenhos — falou o Alquimista. — Aquela comparação era apenas para perceber a descomunal diferença entre o tamanho total dos átomos e o tamanho minúsculo ocupado por seus núcleos. Mas, mesmo assim, talvez você não tenha ainda noção de como são pequenos os átomos.

— De fato...

– Sem interromper o trabalho (temos ainda muitos brigadeiros para preparar), veja o tamanho de um desses granulados daí da tigela. Quanto eles devem ter de comprimento? Mais ou menos um centímetro, não? Pois você faz ideia de quantos átomos de tamanho médio (nem muito grande, nem muito pequeno) poderiam ser enfileirados ao longo desse pequeno espaço de um centímetro?

– Não tenho a mínima ideia – respondeu Hélio, sem fazer qualquer esforço para pensar em uma resposta, já que tinha certeza de que não chegaria a qualquer conclusão.

– Nenhum chute?

– Melhor não.

– Tudo bem. Vou te dizer. Como já falei, depende do tamanho do átomo, mas no espaço de um centímetro poderiam ser enfileirados cerca de 30 milhões de átomos.

– Não é possível!

– Imagine você, se fosse ultrapequenininho, de maneira que o núcleo de um átomo fosse do tamanho de uma bola de futebol. Caminharia 25 quilômetros, encontraria uma bola, mais 25 quilômetros, e passaria por outra bola, e assim 30 milhões de bolas e 30 milhões de caminhadas de 25 quilômetros. Distância considerável, não? Pois no nosso mundo, isso equivaleria a apenas um centímetro.

Hélio fazia grande esforço para imaginar todas essas coisas, convencendo-se

de que, realmente, as dimensões na Química eram muito, muito pequenas. Olhando a cara de desinteresse do Edu, o professor comentou:

– Pobre Edu, nem sabe sobre o que estamos falando, ha, ha!

Edu estava mesmo totalmente desconectado da conversa. Mas já estava satisfeito por ter recebido a permissão de comer quantos brigadeiros quisesse; então, a cada 10 brigadeiros preparados, jogava um goela abaixo. Mais um pouco e já não ia aguentar mais. Por enquanto, parecia um saco sem fundo.

– Ele não está muito interessado na nossa conversa, professor. Mas continue.

– Agora, um conceito importante para você aprender, Hélio. Imagine quantos átomos tem em um desses pequenininhos granulados. Muitos, não é verdade? Se só em uma fileira tem 30 milhões, imagine em toda a espessura dele, mesmo que não tenha mais que um milímetro.

– Sim, devem ter muitos átomos aqui.

– Mas, na Química, todas as quantidades são assim, enormes. Imagine neste copo d'água. Quantas moléculas de água devem ter aqui dentro? Muitas, muitas, muitas. Então, os químicos resolveram criar uma quantidade padrão para simplificar as coisas. Por exemplo, uma dúzia representa uma quantidade de 12 unidades. Uma centena representa 100 unidades. Na Química, existe o "mol", que representa uma quantidade grande, de aproximadamente 600 sextilhões de unidades.

– Quêê?

– Seiscentos sextilhões. Em notação científica, podemos escrever como 6 vezes 10 elevado a 23. Assim...

E o professor, enxugando uma das mãos no guardanapo, pegou uma caneta e escreveu em um papel qualquer.

$$6 \times 10^{23}$$

— E essa quantidade se chama "mol"? — perguntou Hélio, para confirmar.

— Exatamente — respondeu o professor. — É muito mais prático dizer, por exemplo, que em um copo tem dois mols de moléculas de água do que dizer que existem 1 septilião e 200 sextilhões de moléculas.

— Concordo. Mas é isso mesmo que tem nesse copo?

— Acredito que seja aproximadamente isso, porque aqui deve ter uns 40 mililitros. Mas, falando nisso, vou esvaziar um pouco mais esse copo até deixar nele uns 18 mililitros. Bom, é apenas uma estimativa, mas 18 mililitros é o volume que ocupa um mol de moléculas de água, por isso que quis deixar essa quantidade. Considerando que aqui tem 600 sextilhões de moléculas, até que o volume é bem pequeno, não?

— Põe pequeno nisso; 18 mililitros é menos que a metade de um copinho de café, não é mesmo?

— Isso mesmo. A molécula de água, mesmo sendo feita de três átomos, é bem pequena, porque o hidrogênio e o oxigênio são pequenos. Então, ela tem mais ou menos o mesmo tamanho que o dos átomos que consideramos para enfileirar no granulado. Ou seja, se fôssemos

enfileirar moléculas de água ao longo de um centímetro, caberiam cerca 30 milhões. Mas, se colocássemos enfileiradas um mol de moléculas de água, sabe o tamanho que chegaria essa fila?

– Sei lá. Uns mil quilômetros?

– Você acha que está chutando alto? Ha, ha! A fila seria bem mais comprida que isso. Se a fila saísse daqui de casa e fosse em direção ao Sol, ela passaria dele. Você sabe a distância daqui até o Sol? Cerca de 150 milhões de quilômetros. Pois é, a fila de um mol de moléculas de água teria um comprimento de aproximadamente 180 bilhões de quilômetros. Ou seja, a fila poderia ir até o Sol, voltar para a Terra, ir até o Sol de novo, voltar, ir, voltar, ir, voltar... e isso 1.200 vezes.

– Minha nossa! – Hélio estava cada vez mais fascinado com aqueles valores astronômicos.

– Isso porque a molécula é bem pequenininha. Mas imagine se quiséssemos empilhar um mol de folhas de papel. Um pacote de quinhentas folhas tem uma espessura de uns 5 centímetros. Ou seja, se você fizer as contas, 10 folhas de papel têm a espessura de aproximadamente um milímetro. Fininhas, não? Mas, mesmo assim, com um mol de folhas, poderíamos, se fosse possível, montar 400 milhões de pilhas, com cada uma chegando até o Sol. Conclusão: o mol é uma quantidade assombrosa!

– Minha nossa! – repetiu Hélio.

– E um mol de brigadeiros? Quanto será que ocuparia de espaço? – o professor lançou o desafio.

– Nem vou chutar – Hélio respondeu.

– Uma vez já fiz as contas com bolinhas de gude – o professor disse. – São mais ou menos do mesmo tamanho. Então, um mol de brigadeiros ocuparia umas três vezes o volume ocupado pelos oceanos. Isso porque, no nosso planeta, temos mais de 1 bilhão e 300 milhões de quilômetros cúbicos de água do mar. Uma quantidade imensa. Afinal, um quilômetro cúbico corresponde a um trilhão de litros.

– Minha nossa!

– Hélio, para de falar "minha nossa" – disse Edu, de boca cheia (o menino não parava de comer brigadeiros). – Já tá enchendo ficar repetindo toda hora a mesma coisa.

– Eduardo, não se intrometa na conversa, porque, se você estivesse entendendo alguma coisa do que o professor tá falando, você também ficaria espantado.

– Não fale assim com seu irmão, Hélio – o professor tentava acalmá-los.

– Mas por que ele tem que se intrometer na conversa? – Hélio se irritou.

– Eu não me intrometi. Só falei pra você parar de falar "minha nossa".

– E isso não é se intrometer?

– Ei, vamos parar com isso? – o professor pôs fim de vez à discussão dos dois. – Acabamos de enrolar todos os brigadeiros. Um copo de limonada para cada um de nós. A gente merece!

– Vishe, a limonada do professor é boa, viu Edu? – Hélio disse para o irmão, como se não estivessem discutindo segundos antes. – É feita com limões de um limoeiro que tem aqui no pomar, que dá frutos o ano todo.

CAPÍTULO TRINTA E SEIS

Krishnamurti teria que repensar sua teoria ao conhecer a vida de Hélio. Como esse filósofo pôde dizer que uma pessoa jamais poderia evoluir por influências externas? O que seria da vida de Hélio sem um certo professor que conhecera em um determinado dia, sem uma menina específica, com quem se deparara em um momento preciso, sem uns conhecimentos que pudera adquirir na hora certa, antes que o lado negro da vida o engolisse definitivamente? Sua mudança chegou a tal ponto que se sentia empolgado pensando sobre as maravilhas da Química enquanto enrolava brigadeiros.

Mal deu tempo para tomarem a limonada, o barulho das meninas se fez ouvir: entraram todas ao mesmo tempo na cozinha, rindo e tagarelando, ávidas por comida e bebida. Uns sanduichinhos já estavam preparados e os refrigerantes aguardavam na geladeira.

Com muita animação, a Gi fez questão de servir todas as suas amigas (e amigos), enquanto ela própria se contentou apenas com um pouco de refrigerante, pois não estava em condições de comer nada sólido. Abriria uma exceção para o bolo, pois sabia que seu pai havia levado em conta seu estado de saúde e encomendado um bolo bem macio e que não seria difícil de engolir. Assim, comendo alguma coisa, daria uma alegria a seu pai – que havia cuidado daquela celebração com tanto carinho – e deixaria suas amigas (e amigos) mais à vontade.

O aniversário transcorreu da melhor maneira possível, ao menos para a maior parte das pessoas. Quem não se deu bem foi o Edu, porque, depois de comer tantos brigadeiros, percebeu que, na verdade, seu estômago não era um saco sem fundo. Nem o bolo o coitado conseguiu provar. Tudo o que pôde fazer foi ficar esparramado no sofá da sala, só esperando o enjoo passar, coisa que não aconteceu antes de ir embora da casa da aniversariante.

À noite, na cama, Hélio ficou pensando naquele dia. Havia sido uma tarde fantástica. Aprendera sobre o mol e pudera passar bons momentos junto da Gi. Até o Edu (mesmo com seu mal-estar) e a Tati – que nunca haviam visto a menina antes – gostaram de passar lá aquela tarde. Afinal, naquela casa havia um clima especial.

A Gi era uma lição de vida. Aliás, também uma lição de morte. Hélio já pensara nisso antes: desde que a conhecera, a menina era um catalisador das reações que

se processavam em sua vida. Um bom catalisador, para boas reações. Que Deus a protegesse!

E o mol? Que incrível aquele número! Seiscentos sextilhões! Tentando pegar no sono, Hélio pensou que seria bastante inviável querer contar um mol de carneirinhos pulando uma cerca. De acordo com seus cálculos, se a cada segundo um carneiro pulasse a cerca, seriam necessários 12 segundos para uma dúzia de carneiros transpô-la; seriam necessários 1 minuto e 40 segundos para uma centena de carneiros pulá-la; seriam necessários 16 minutos e 40 segundos para um milhar de carneiros passar por ela e... seriam necessários quase 190 trilhões de séculos para um mol de carneiros pular a tal da cerca. Depois de tanto tempo, definitivamente, a dita cuja estaria pra lá de podre.

***

Nas aulas do professor Valdir, o conceito de mol ainda não havia sido abordado. Os alunos tinham muita coisa para estudar antes de chegar lá. E assim foi. Os dias se passavam, e as aulas de Química continuavam. Um dia, a aula era sobre geometria molecular, outro dia era sobre forças intermoleculares, outro dia sobre alotropia. Dia após dia. Semana após semana. Prova após prova. E o professor Valdir não dava trégua na matéria. Chegaram ao capítulo sobre dissociação iônica de compostos iônicos e ionização de compostos moleculares. Estudaram detidamente as substâncias inorgânicas: ácidos, bases, sais, óxidos. Hélio, ainda aos trancos e barrancos, apesar de toda a transformação que sofrera (pelas boas influências externas e por sua boa disposição interior), foi aprendendo cada conceito, conectando as coisas entre si, como um quebra-cabeça que, peça após peça, começa a delinear as formas de uma montanha nevada ou de um tigre de bengala.

Ao longo de todo esse tempo, a saúde da Gi oscilava como uma pena ao vento. E, infelizmente, como pode acontecer com uma pena ao vento, passava mais tempo em plano descendente do que ascendente.

***

Em uma determinada tarde, já era meados de junho, Hélio foi à casa do Alquimista acompanhado da Tati. Para brincar com a irmã, saiu correndo de casa, deixando-a para trás propositadamente. A irmã, com suas perninhas pequenas, tentava alcançá-lo, mas, sempre que Hélio permitia que ela se aproximasse, ele próprio acelerava o passo, desiludindo a menina. Correram assim até a casa do professor Geraldo, de maneira que a menina chegou lá com os bofes de fora. Pobrezinha.

Dim-dom.

– Olá professor, tudo bem?

– Olá Hélio – respondeu o professor, e voltando-se para a menina: – Olá Tati. O que aconteceu com você? Que cara é essa?

Ela não conseguia responder. Segurava-se ao portão, meio encurvada, ofegante e com a mão na barriga, o olhar voltado para o chão.

– Viemos correndo – Hélio se adiantou em responder.

– Tadinha da menina, Hélio. Como você queria que ela te acompanhasse? Mas vamos entrando.

Hélio só deu risada, e todos entraram na casa. A Gi estava esperando na sala, em sua cadeira de rodas. Já não conseguia andar fazia vários dias e continuava emagrecendo a olhos vistos. Mesmo se sentindo cada vez mais fraca, gostava de receber as visitas dos irmãos Veiga. Como já manifestara várias vezes, achava o Hélio engraçado (no fundo, mais do que engraçado, considerava-o um grande amigo e gostava muito de conversar com ele). O Edu não estava presente na ocasião, mas a Gi também se dava bem com ele; afinal, tinham mais ou menos a mesma idade. Por fim, sentia-se feliz em poder mostrar para a Tati as bonecas com as quais brincava anos antes. A Tati ficava maravilhada com a graça com que a Gi segurava suas duas bonecas preferidas e criava um diálogo entre elas com a voz levemente alterada:

— Oi Fifica, sabe o que vi hoje na feira?

— Não sei não, Fofoca.

— Vi um tomate saltitante.

— Não, Fofoca. Tomates não saltitam. O que você deve ter visto foi o caqui-pererê.

E a Tati caía na gargalhada, mesmo tendo ouvido mil vezes o diálogo entre a Fifica e a Fofoca.

Enquanto as duas meninas conversavam e davam risadas na sala, Hélio foi para a cozinha com o Alquimista.

— Hélio, você já deve estar enjoado de limonadas... — disse o professor, abrindo a geladeira. — Aceita uma água com gás?

— Enjoado de limonadas? — respondeu Hélio, mostrando-se contrariado. — De jeito nenhum. Impossível enjoar. Não sei o que será de mim quando seu limoeiro se aposentar, ha, ha!

O professor também deu risada e disse:

— Esse limoeiro ainda vai longe. Aposto que nenhuma praga

seria capaz de lhe fazer mal. Mas, afinal, vamos tomar uma água com gás?

— Aceito sim, mas desta vez quero saber *exatamente* o que estou tomando. Que gás tem aí dentro?

— Nenhum! Você está vendo algum gás aqui dentro? – o professor gracejou, retirando da geladeira uma garrafa de água gaseificada.

— Mas o gás surge, não sei de onde, quando a gente abre a garrafa.

— Pois vou te explicar, Hélio. A água gaseificada é água contendo gás carbônico, ou dióxido de carbono, se você preferir. O que acontece é que o gás carbônico reage com a água e forma o ácido carbônico, assim.

E o professor escreveu em um pedaço de papel (chamava atenção o fato de haver papel e caneta em todos os cômodos da casa do Alquimista e, o mais incrível, é que todas as canetas funcionavam).

$$CO_2 + H_2O \rightarrow H_2CO_3$$

— Você já aprendeu o que são ácidos? – perguntou o professor.

— Já sim. São substâncias que liberam "agá mais" na água – respondeu Hélio, formando em sua mente a imagem do hidrogênio contendo uma carga positiva: H^+.

— Exatamente. E como você pode imaginar, o ácido carbônico é um ácido fraco, porque, do contrário, não nos faria bem ingerir qualquer coisa

com quantidades consideráveis de ácido forte. E ácido fraco significa que apenas uma pequena porcentagem de "agá mais" é liberada do total de moléculas de ácido carbônico presente na água com gás.

Nisso, o professor escreveu no papel mais uma reação, representando a ionização do ácido carbônico.

$$H_2CO_3 \rightleftharpoons H^+ + HCO_3^-$$

– Aposto que você já sabe que, quando ocorre a formação de íons a partir de um composto molecular, chamamos esse processo de ionização – explicou o professor.

– Sim, o professor Valdir repetiu isso um milhão de vezes.

– E como eu te disse, a taxa de ionização do ácido carbônico é pequena, já que ele é um ácido fraco – o Alquimista continuou explicando. – Mas uma característica importante do ácido carbônico é que ele é instável. Ou seja, não é preciso muito esforço para ele se transformar em gás carbônico e água, que é o inverso daquela primeira reação. Entendeu? Nas indústrias, são criadas condições especiais para que se forme ácido carbônico na água ou nos refrigerantes, lacrando os frascos antes que a reação se reverta.

– Ah, então é por isso que saem bolhas quando abrimos a garrafa! É o ácido carbônico querendo voltar a ser gás carbônico e água – comentou Hélio, sentindo-se o sabichão.

– E isso é mais um exemplo de reação de decomposição. Lembra-se que a água oxigenada se decompunha em gás oxigênio e água? Pois o ácido carbônico se decompõe em gás carbônico e água. E, neste caso, com muito mais facilidade que a água oxigenada.

– E a Mentos é um catalisador para essa decomposição?

– Hum, digamos que sim... – respondeu o professor, pensativo. – Mas, outra coisa interessante é que a decomposição do ácido carbônico nas bebidas é acelerada pelo aumento da temperatura. Quando bebemos água gaseificada ou refrigerante, claro que o líquido esquenta enquanto percorre o caminho que vai de nossa boca até o estômago. Isso acelera a eliminação do gás carbônico e, além disso, faz com que o gás se expanda. Afinal, o gás tende a ocupar mais espaço em temperaturas mais elevadas. Todos esses processos absorvem energia, roubando calor do nosso corpo e, por isso, sentimos uma sensação refrescante quando tomamos bebidas gaseificadas.

– Nossa, que legal. Nunca pensei que fosse por esse motivo – comentou Hélio, animado com as descobertas. – Você falou que o gás absorve calor quando se expande... Então é por isso que a mangueira do extintor de incêndio de gás carbônico fica gelada quando o gás sai lá de dentro?

– Exatamente! É esquisito dizer "extintor de gás carbônico", porque, quando está pressurizado dentro do cilindro do extintor, o dióxido de carbono está no estado líquido. Por isso, propriamente, dentro do cilindro não existe "gás" carbônico e, sim, um "líquido" carbônico. Mas você sabe que, na pressão ambiente, o dióxido de carbono não existe no estado líquido, não?

– Sei sim. O dióxido de carbono sólido, que é o gelo seco, passa direto para o estado gasoso – o sabichão comentou, com toda propriedade.

– Mas, voltando ao extintor, é isso mesmo: quando é acionado, existe uma repentina expansão do dióxido de carbono; então, a absorção de calor é muito intensa, gelando a mangueira. É um processo bastante endotérmico.

– Endo o quê? – Hélio perguntou com toda a simplicidade, admitindo, nas entrelinhas, que de sabichão tinha bem pouca coisa.

– Processo endotérmico está relacionado com absorção de calor. Quando acontece uma reação endotérmica, percebe-se um resfriamento do local onde a reação acontece. É o contrário de um processo exotérmico, que gera calor. A queima de qualquer coisa, por exemplo, é uma reação exotérmica, liberando calor.

– Nunca ouvi falar disso não.

– É coisa que você vai aprender só no ano que vem.

– Então vamos com calma – Hélio disse, aliviado. – Até lá, acho que posso me contentar em falar que queimei o dedo no fogão porque o fogo estava quente, ao invés de falar que queimei o dedo porque a reação entre o gás de cozinha e o oxigênio é uma reação exotérmica.

– Ha, ha, essa é boa – riu o professor. – Na verdade, acho que quando você queimar o dedo, pode simplesmente dizer: "ai, queimei o dedo".

CAPÍTULO TRINTA E SETE

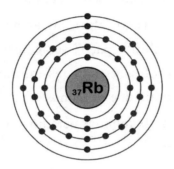

RbAg_4I_5 (iodeto de prata e rubídio) é um sal que, ao contrário da quase totalidade dos demais sais no estado sólido, possui elevada condutividade elétrica. Assim, pode-se dizer que, em um sólido iônico, como é o caso dos sais, a condutividade elétrica é uma propriedade não esperada. Simplesmente, o $RbAg_4I_5$ tem um comportamento bizarro.

Dizer que Hélio estava se comportando de maneira bizarra é um pouco forte. Mas, vendo-o assim tão empolgado com a Química e com a vida, é bem verdade que seu comportamento era inesperado para quem passou 15 anos vivendo como uma ameba.

Não faltava muito para as férias de meio do ano, e a coordenação da escola veio com a ideia de organizar um evento científico-cultural no mês de agosto. Os alunos poderiam escolher qualquer área para apresentarem algum projeto, que deveria ser feito individualmente. Quem lhes transmitiu a notícia foi o professor de Física, um gordão conhecido como X-Tudo e reconhecido por toda a cidade como o melhor professor de Física em um raio de milhares de quilômetros:

— Vocês podem escolher qualquer projeto que considerarem digno de ser mostrado a um público ilustre como são seus familiares e amigos – disse o professor, com seu vozeirão.

Sempre que o X-Tudo falava, os alunos escutavam no maior silêncio. Mas bastava "abrir espaço" aos comentários, a sala se alvoroçava. Assim que o professor expôs as informações sobre o evento científico-cultural, permitiu que os alunos expressassem suas ideias.

— Vou fazer uma bomba de ucrânio – gritou Caíque, batendo com as mãos na carteira.

— Vou fazer uma réplica de uma pirâmide do Egito – falou Alice, do outro lado da sala.

— É mais fácil uma réplica da Torre Wafer – Ana Cristina retrucou, jogando para trás a franja que lhe caía nos olhos –, porque não precisa arranjar nenhuma múmia pra pôr dentro.

— Vou mostrar que consigo fazer cesta de três pontos de costas – disse o Zé Formiga, virando a cabeça para todos os lados, coisa típica de sua hiperatividade.

— Vai ser um vexame – rebateu o Juninho com realismo. — Você erra até o cesto de lixo.

Toda a sala falava ao mesmo tempo e, com sugestões tão absurdas, o X-Tudo não sabia se ria ou se dava um basta naquela falação. Fazendo jus à sua condição de professor exemplar, apressou-se em evitar que a lista de asneiras ditas pelos alunos se estendesse em demasia:

– Turma, não é brincadeira. Vocês não estão falando a sério, né? Espero que não! Porque é bomba de urânio, e não de ucrânio; é Torre Eiffel, e não Torre Wafer. Mas tenho certeza que vocês são inteligentes e disseram todas essas coisas apenas para descontrair. O fato é que esse trabalho vale um ponto na nota de todas as matérias do terceiro bimestre; então, é melhor vocês pensarem em coisas que sejam interessantes e que consigam fazer *sozinhos*.

Como acabara de acontecer minutos antes, a algazarra recomeçou de uma só vez, com os alunos falando todos ao mesmo tempo.

– Vou fazer um vulcãozinho de papel crepom – disse Caíque, fazendo cara de palerma.

– Vou montar uma pirâmide usando Lego e sem nenhuma múmia – Alice apressou-se em dizer.

– Vou mostrar que consigo fazer gol com os olhos fechados, quando estou a menos de dois metros do gol e sem goleiro – Augusto falou, levantando-se e encenando um chutinho de chapa em uma bola imaginária.

– Que monte de babaquice! Zero pra todo mundo. Tenho garantido meu ponto na nota, porque meu projeto vai ser soltar um pum atômico que vai dar fama eterna pra esse evento.

Essa última pérola foi do Zé Formiga, que não se contentou em apenas falar, mas agiu imediatamente, demonstrando magistralmente seu projeto. Não que tenha feito barulho nem nada, mas o cheiro não tardou a se propagar, causando um efeito espantoso: todos saíram correndo, esvaziando a sala e provando ao X-Tudo – que permaneceu parado no seu devido lugar – que aquela turma talvez fosse a mais sem noção em um raio de milhares de quilômetros.

***

Por todo o resto daquele dia, Hélio ficou pensando no projeto. A apresentação foi marcada para agosto e o menino estava realmente em dúvida se enfrentaria aquela empreitada. Um único pontinho na nota de um bimestre não era grande coisa, ainda mais no seu caso, com a catástrofe que foram todas as suas provas do início do ano. Bem que lhe seria útil uma gratificação maior. Uma moedinha de 10 centavos não basta para sanar uma crise Internacional. Um pontinho não resolveria seus problemas. É verdade que melhorara sensivelmente nas últimas semanas, mas isso ainda não foi suficiente para limpar sua barra. Teria que batalhar duro até o final do ano para recuperar as notas péssimas do primeiro bimestre.

Outro problema: fazer esse projeto significaria renunciar às férias, coisa que não estava disposto a fazer.

A vida de Hélio já não se resumia exclusivamente ao videogame, à Internet e à TV, mas ainda gostava dessas coisas e aguardava as férias para gastar um tempo com isso. Também ansiava a trégua nas aulas para passar mais tempo

fazendo companhia à Gi, que estava cada vez pior. Conversar com o Alquimista também era algo que ultimamente apreciava, pois, com ele, podia discutir todas as questões científicas que lhe vinham à cabeça e que havia represado desde que adquirira o uso da razão. Além de tudo isso, recentemente estava dando-se melhor com seus irmãos (resultado de mais uma reação catalisada pela Gi), e era frequente irem visitar a menina doente, passando lá algumas horas.

Hélio pretendia fazer tudo isso nas férias; então, não estava disposto a renunciar a todas essas coisas para se dedicar ao projeto daquela feira de ciências. Aliás, era isso mesmo, uma mera *feira de ciências*, ainda que a escola lhe tenha dado um nome mais pomposo: "evento científico-cultural".

***

Hélio não estava disposto a renunciar a suas férias.

***

Definitivamente, Hélio não estava disposto a renunciar a suas férias.

***

Pensando bem, Hélio poderia renunciar a suas férias. Afinal, a Gi estava renunciando à própria vida.

A renúncia da Gi não era algo buscado. Não era por vontade própria que a vida se lhe apagava. Mas a menina aceitava tudo o que lhe acontecia sem se revoltar. Renunciara à convivência habitual com suas amigas, à possibilidade de frequentar uma escola, às brincadeiras próprias de sua idade, a seus belos cabelos. Sua mãe se fora, sem ao menos poder dizer adeus. Já não podia se alimentar normalmente, nem fazer uso de suas pernas enfraquecidas. Tinha frequentes dores de cabeça, e lhe era difícil até mesmo ler algum livro ou assistir aos seus programas favoritos da TV. Há meses, tudo em sua vida eram renúncias. Uma após outra. Mas nenhuma dessas renúncias lhe arrancou o sorriso do rosto. Os tratamentos também lhe eram muito custosos, mas sempre os enfrentou com admirável valentia. Seu corpo era pequeno e frágil, mas sua fortaleza era imensa. Por que vivia assim? Por que morria assim? Talvez porque se sentia sempre acompanhada. A solidão era um sentimento do qual não tinha experiência. Seu pai era um apoio inabalável. Simba, apesar dos pesares (gostava muito do seu cãozinho, mas sabia que não podia ter verdadeira troca de sentimentos com um ser irracional), também era uma simpática companhia. Suas duas irmãs moravam longe, mas lhe telefonavam com frequência e sentia-as muito próximas. Seus amigos também lhe faziam companhia, mesmo quando não estavam fisicamente ao seu lado. Deus lhe fazia companhia, pois nunca o sentira distante. A solidão é um vazio que se instala no coração. Mas a Gi tinha um coração grande, tão grande que nele não cabia a solidão.

Hélio podia sacrificar suas férias fazendo um projeto que significasse, de algum modo, um tipo de homenagem à Gi. A primeira ideia que lhe veio à cabeça foi fazer algo artístico. Talvez, pudesse pintar um grande painel contando, a partir de gravuras, a vida da menina: a bebê Gi no colo de seu pai Alquimista (será

que lhe traria amargura ao coração ver-se nos braço de sua mãe?); a Gi com um ano de idade, engatinhando atrás de uma bola maior do que ela, sobre a areia de uma praia qualquer; a Gi já com uns quatro anos de idade, pulando amarelinha com suas pequenas amigas no pátio da escola onde passou os anos de sua primeira infância; a Gi já maiorzinha, passeando em um parque qualquer, ao lado de suas duas irmãs, bem mais velhas que ela; a Gi de um ano atrás, ainda saudável e cheia de energia, assistindo a uma aula na escola, encantada por aprender tantas coisas novas; a Gi atual, no seu aniversário de 12 anos, com seu sorriso luminoso, apesar da doença que lhe roubava as energias e lhe esvaziava o corpo, como um limão espremido, até a última gota.

Não era má ideia, essa do painel. Mas mesmo assim, não era uma ideia que cativava Hélio cem por cento. Tentaria pensar em algo melhor. Talvez, algo mais científico, pegando umas dicas com o professor Geraldo. Com certeza a Gi ficaria feliz se soubesse que seu pai teve alguma participação em um projeto do evento.

CAPÍTULO TRINTA E OITO

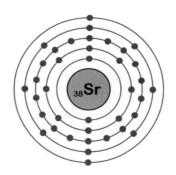

***Sr**s. pais,*

Informamos que o Colégio Repercussão realizará um Evento Científico-Cultural no dia 16 (dezesseis) de agosto, sábado, das 10h às 16h, com diversos trabalhos elaborados e apresentados pelos alunos. A participação é livre, mas contamos com seu incentivo para que seu(sua) filho(a) participe desse evento.

Anunciamos desde já que todos os visitantes estão convidados a dar seu voto para aquele que considere o melhor trabalho do evento, constituindo o júri popular. O resultado dessa votação será anunciado às 16h do mesmo dia, seguido imediatamente pela premiação.

Contamos com sua presença e nos colocamos à disposição para quaisquer esclarecimentos.

Atenciosamente,
A Coordenação.

Após ler com atenção o comunicado que seu filho acabara de lhe entregar, o Sr. Roberto perguntou, balançando o papel em sua mão:

— O que você pretende apresentar nesse evento?

— Ainda não sei – Hélio respondeu. – Estou sem ideias. O problema é que vou ter que ficar fazendo isso durante as férias. Não sei por que não marcaram esse negócio pro final do ano.

— Melhor que seja durante as férias mesmo. Vamos ficar duas semanas na casa da vó Neide e você vai poder empregar seu tempo livre com alguma coisa boa.

— Sério? Nós vamos viajar? Mas é chato ficar lá na casa da vovó. Nunca tem nada pra fazer.

— Pois agora você vai ter alguma coisa para fazer – falou o Sr. Roberto, colocando o comunicado na mesa da cozinha para que sua esposa pudesse vê-lo depois. – Terá muito tempo para pensar em um projeto para o evento da escola, e colocar mãos à obra.

— Alguma sugestão? – Hélio perguntou para seu pai.

— Boa pergunta. Deixe-me pensar... – o pai se sentou, pensativo. – É, não tenho nenhuma ideia muito interessante. Por que você não faz uns desenhos?

— Já pensei nisso, mas prefiro fazer algum projeto científico, talvez de Química.

— Conheço uma experiência interessante de Química – comentou o pai, com um sorriso jovial, como que recordando de algum experimento que ele próprio fizera em alguma feira de ciências em sua juventude. – É com amido de milho e água. Misturando os dois, na proporção certa, forma uma espécie de líquido sólido...

– Pai, eu já vi essa experiência umas mil vezes, e tem até um programa de TV que as pessoas tentam andar em cima desse negócio.

– Ah sim? Achei que seria novidade para você. Mas não deixa de ser interessante.

– É verdade, é bem legal sim, mas é muito simples pra fazer como projeto pra esse evento da escola.

– Você poderia pedir alguma sugestão para o professor Geraldo – o pai comentou. – Aliás, poderíamos convidá-lo para vir tomar um chá aqui qualquer dia.

– Pai, não estamos na Inglaterra – Hélio respondeu, balançando a cabeça, em sinal de negativa. – Ele prefere muito mais uma limonada.

– Você falou que na casa dele tem uns limões ótimos. Como vamos querer lhe oferecer uma coisa que não chegaria aos pés do que ele tem na própria casa!?

– Bom, isso é verdade... – admitiu o filho. – Mas eu que não vou convidar ele aqui pra tomar *chá*.

– Que seja! – retrucou o pai, evidentemente querendo colocar o foco na visita do professor, e não no que ele deveria ou não deveria beber. – Que venha tomar água tônica, suco de berinjela ou a gemada que você tanto gosta. Mas o fato é que você poderia convidá-lo para nos fazer uma visita.

– É verdade. Não é fácil pra Gi ficar saindo de casa, mas mesmo assim ela iria gostar de vir junto.

— Tenho certeza que sim — respondeu o pai, levantando-se e abrindo um armário da cozinha, como que à procura de algo. — Onde sua mãe guardou as berinjelas? Já posso ir fazendo o suco para a visita dos seus amigos...

Hélio olhou para o pai, desaprovando a piadinha. Afinal, quem já ouviu falar de suco de berinjela? Só podia ser uma piada!

***

Era sexta-feira e Hélio foi à casa do Alquimista, decidido a sair de lá com alguma ideia de um projeto para o evento científico-cultural da escola.

— Professor, o senhor tem alguma ideia boa pra um projeto de Química que eu possa apresentar em uma feira de ciências que vai ter na escola? — Hélio perguntou, já na casa do Alquimista, sentado no sofá e segurando um copo caprichado de limonada. Não pôde sequer cumprimentar a Gi, pois ela estava dormindo no quarto, esgotada depois de uma manhã difícil.

— Sim, tenho várias ideias — respondeu o professor, sem acrescentar mais nada.

— Por exemplo? — Hélio fez uma cara de interrogação.

— Você não quer que eu te passe um projeto de mão beijada, quer?

— Claro que quero. Pra isso que estamos conversando aqui agora.

— Que cara de pau, você — riu o

professor. – Pois eu insisto que seria muito melhor que saísse alguma ideia da sua própria cachola.

– Ainda não cheguei nesse nível. Até hoje, a única coisa que inventei foi uma receita de gemada e, mesmo assim, não foi muito original, porque me baseei na gemada que minha mãe fazia.

– *Fazia*? Ela não faz mais?

– Não. Ela diz que fiquei viciado em gemada. Faz uns dois anos que ela substituiu as gemadas nos cafés da manhã por iogurte natural.

– Não sabia que você tinha esse tipo de vício. E o que tem de interessante nessa sua receita de gemada?

– Limão!

– Limão?!

– Sim, limão. Na verdade, é a única coisa que acrescentei à receita de minha mãe. Mas é justamente o limão que deixa a gemada viciante.

– E você alguma vez já colocou limão galego na sua gemada?

Hélio arregalou os olhos, só imaginando uma gemada com limão galego, do limoeiro do Alquimista. *Vishe, o negócio deve soltar até estrelinhas e fazer a gente flutuar depois de tomar uma coisa dessas.* Vendo a cara apalermada de Hélio, o professor logo comentou:

– Bem que poderíamos preparar agora uma gemada galega, se eu não estivesse esperando visitas.

– Visitas? – Hélio perguntou, estranhado. – Alguma amiguinha da Gi?

– Quase. Na verdade, são duas amigonas: Beatriz e Graziela.

– Suas outras filhas? Sério mesmo?

– Sério. Elas estavam superansiosas para vir porque sabem que a Gi está mal, mas só agora conseguiram tirar uns dias de folga do trabalho. Beatriz está vindo hoje com o marido (meu genro), e a Graziela chega segunda-feira, sozinha.

– Que bom. Mas não quero atrapalhar a reunião da família. Vou embora, e depois o senhor me diz um projeto para a feira.

– Você não vai atrapalhar em nada se ficar aqui para conhecer mais um pedacinho da minha família. Além do mais, continuo decidido a não te passar um projeto sem que você tenha tomado parte na elaboração. Tenho certeza de que já te passou alguma coisa pela cabeça.

– Sim, a primeira coisa que pensei foi fazer algo com desenhos, mas a ideia não me convenceu, e agora estou mais disposto a fazer alguma experiência científica, e não artística.

– Gostei da ideia – comentou o professor, observando a cara de Hélio, que se tornou confusa.

– Ideia? Que ideia? Dos desenhos ou da experiência?

– Se você soubesse o tanto de arte que tem a Química...

– Não estou entendendo.

– Você consegue pensar em algum projeto artístico que envolva Química?

– Todas as tintas que uso nas minhas canetas de desenho são feitas de átomos. Isso é Química, não?

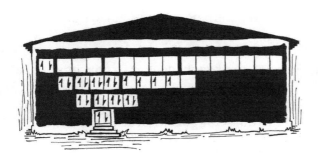

– Sim, mas é forçar um pouco a barra

você fazer um desenho qualquer e dizer que é um experimento químico pelo fato de ter espalhado uns trilhõezinhos de átomos pelo papel.

– Mas não enxergo mais nenhuma relação entre a Arte e a Química.

– Pois eu te garanto que é possível fazer muita arte com a Química.

Triiiiiiiiiim, tocou o celular do professor. Era a Beatriz, dizendo que estava num congestionamento fenomenal e que chegaria só muito mais tarde em Platópolis.

– Paciência – disse o Alquimista, depois que desligou o telefone. – O jeito agora é fazer uma gemada galega, como acabamos de batizá-la. Ou você já a batizou de *gemada Veiga*?

– Eu jamais daria meu nome a uma gemada – Hélio respondeu. – Aliás, eu nunca daria *um nome* a uma gemada.

– Você quer dizer que todas as gemadas são iguais? Toda comida que se preze tem um nome.

– Que tenha, mas que não seja o meu!

– Tudo bem, não vamos discutir por isso.

– Ha, ha. Claro que não, professor – Hélio ficou levemente ruborizado ao se dar conta de que havia sido um pouco áspero. – Sua ideia é ótima. Não seria nada mau uma boa gemada agora...

– Mas não quero alimentar teus vícios – observou o professor. – Estou mais interessado em aproveitar a oportunidade para te ensinar um pouco de estequiometria.

– Estequiometria? O que é isso?

— Já percebi que você ainda não chegou nessa parte com o professor Valdir.

— Se cheguei, dormi durante a aula, porque já ouvi essa palavra, mas não sei o que é.

— Você já aprendeu balanceamento de reações químicas?

— Ah, isso sim. É meio fácil, até.

— Então balanceie esta equação, que inclusive já falamos sobre ela antes.

E o professor escreveu a equação da decomposição da água oxigenada, na qual Hélio imediatamente colocou os números dois diante da fórmula da água oxigenada e diante da fórmula da água.

$$2H_2O_2 \rightarrow 2H_2O + O_2$$

— Certinho — confirmou o professor, batendo com a lateral do dedo polegar sobre os números que Hélio acabara de fazer. — Duas moléculas de água oxigenada se decompõem em duas moléculas de água e uma molécula de oxigênio.

— Isso é baba. Treinei tanto isso pra última prova que agora faço com os pés nas costas...

— E essa daqui agora?

E o professor escreveu outra equação, que exigiu de Hélio alguns segundos mais para pensar, mas que mesmo assim completou certeiramente.

$$H_2 + 3N_2 \rightarrow 2NH_3$$

– Muito bem – elogiou o Alquimista. – E você entende bem o significado desses números que você está colocando nas equações com tanta facilidade?

– Entendo sim – respondeu Hélio. – Sem dificuldades. Neste caso, significa que uma molécula de hidrogênio reage com três moléculas de nitrogênio para formarem duas moléculas de...

– Amônia! – completou o professor – É o nome desse composto.

– Amônia – Hélio repetiu maquinalmente, parecendo meio distraído.

– E esses números mostram justamente a proporção entre cada uma das substâncias que participa da reação. E chegamos onde queríamos, na estequiometria! Nada mais é do que essas proporções todas. E, por isso, uma receita de comida pode ser o jeito mais gostoso de estudar estequiometria.

– Receita de gemada galega, então, nem se diga! – Hélio concluiu, deliciando-se só por pronunciar a palavra "gemada", e fazendo questão de acrescentar o complemento "galega".

Levantando-se, os dois foram até a cozinha e deram continuidade ao diálogo, que se fez mais maluco do que antes.

– Hélio, quais são as quantidades estequiométricas no preparo da gemada galega? – perguntou o Alquimista, com certa solenidade.

– O senhor deve estar me perguntando as proporções exatas entre os ingredientes da melhor gemada do mundo, suponho? – retribuindo a solenidade, Hélio rebateu a pergunta, para confirmar se havia entendido corretamente o conceito de "estequiometria".

– Exatamente – confirmou o professor. – Além de ovos e açúcar, o que mais tem na sua gemada?

– Limão! – Hélio abriu um sorriso, como que se orgulhando por saber preparar algo tão bom com uma receita tão simples.

– Só isso?! – espantou-se o professor.

– Sim, são cinco ovos, quatro colheres de açúcar e um limão – Hélio confirmou. – Essas são as quantidades estequiométricas para o preparo de dois copos.

– Pois então, antes da execução da receita, vamos colocar isso no papel, antes que a empolgação com o produto final nos faça esquecer do estudo da estequiometria. Uns desenhos iriam bem aqui, hein?

– Pode ser – o menino concordou, e fez os desenhos dos ingredientes e do copo com a gemada preparada, seguindo as indicações do professor para colocar isso em forma de uma "equação química" (que mais poderia ser chamada de "equação física", já que era a representação de um processo físico, e não químico) devidamente balanceada.

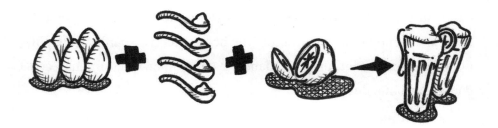

Depois do desenho pronto, o professor disse:

– Então, agora sim, vamos separar os ingredientes... Aqui temos uma caixa com ovos, esse potão de açúcar e... limões à vontade, como sempre.

– Poderíamos fazer *duas* receitas – Hélio sugeriu.

– Sim, mas teríamos a dificuldade dos cálculos... – falou o professor, pensativo, coçando a cabeça como se tivesse que calcular os riscos dos Estados Unidos perderem a hegemonia mundial.

– Dificuldade? – perguntou Hélio, perplexo. – Mas se é só dobrar a receita!

– Ha, ha! Eu sei disso, mas também é verdade que muitos alunos têm dificuldades de enxergar isso quando se trata de uma equação química. Fechado. Vamos preparar duas receitas.

– Dez ovos, oito colheres de açúcar e dois limões. Primeiro separamos as claras das gemas.

– Vamos lá... Podemos colocar as claras aqui e as gemas aqui – o professor ia tirando vasilhas do armário, colocando-as sobre a pia.

Hélio, com a habilidade adquirida com os anos de experiência na arte de preparar gemada, já foi quebrando os ovos e separando as claras das gemas, sem nenhuma dificuldade. Colocou as claras com o açúcar na batedeira, preparando o suspiro, acrescentou as gemas e, depois, o sumo de limão. Pronto! Que beleza ficou a aparência daquilo. O difícil seria continuar estudando estequiometria com uma coisa daquelas diante dos olhos.

– Muito bem, Hélio – falou o professor, sorrindo para o rapaz. – Essa gemada ficou realmente com um aspecto muito apetitoso. Vamos separar um pouco para a Gi tomar quando acordar.

– Se for o caso, podemos preparar mais. O senhor viu como é fácil...

– Sobraram só dois ovos – o Alquimista comentou, pesaroso.

– Só dois? – Hélio olhou para dentro da caixa, confirmando a má notícia. – Bom, melhor que nada.

– Sem dúvida. Ainda podemos preparar dois quintos de receita. Aliás, sempre precisamos levar em conta os reagentes limitantes na estequiometria. Se temos poucos ovos, então, não adianta ter um caminhão de açúcar ou um limoeiro carregado nos fundos da casa. Neste caso, os ovos limitam a quantidade de gemada. É isso que se chama "reagente limitante".

– Bastante lógico – admitiu Hélio.

– Nas reações químicas – continuou o professor –, também é muito frequente que haja algum reagente que limite a quantidade do produto formado. Claro que, quando se trata de substâncias químicas, as quantidades são imensamente maiores. E por isso não costumamos dizer que uma molécula de hidrogênio, por exemplo, reage com três moléculas de nitrogênio formando duas moléculas de amônia. É muito mais plausível dizer que um *mol* de moléculas de hidrogênio reage com três *mols* de moléculas de nitrogênio, formando dois *mols* de moléculas de amônia. Espero que você lembre o que é o mol...

– Sim, claro – confirmou Hélio. – É uma quantidade de uns 600 sextilhões de coisas. No caso, moléculas...

– Exatamente. E caso haja apenas meio mol de hidrogênio, poderá reagir com no máximo um mol e meio de nitrogênio, formando um mol de amônia. Como é óbvio, a proporção se mantém.

– Estou entendendo. Mas... podemos tomar a gemada? – Hélio pediu, com um olhar de cachorrinho faminto.

– Ah, claro – aprovou o Alquimista. – Poderíamos passar horas falando de estequiometria, mas não foi só para isso que preparamos a gemada e, além do mais, está ficando tarde. Já é hora de eu ver se a Gi não quer beber alguma coisa.

– Mas claro que ela vai querer tomar a gemada – apostou Hélio. – Tenho certeza que lhe fará muitíssimo bem.

– Deus te ouça, rapaz.

CAPÍTULO TRINTA E NOVE

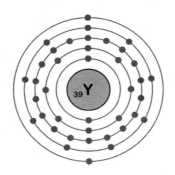

Yolanda, a mãe de Hélio (que sempre mereceu ser mencionada precedida pelo pronome de tratamento "dona", mas aqui omitido por razões de conveniência ou... comodidade), assim como o Sr. Roberto (que, por sua vez, não tem motivos para ser mencionado sem o pronome de tratamento "Sr."), apesar de, normalmente, se absterem de comentários, não deixavam de acompanhar a evolução do filho, dia após dia.

Hélio, por outro lado, já não estava com os olhos e a mente focados em si mesmo. Sua atenção se voltava cada vez mais para a Química, que, a bem da verdade, estava achando cada dia mais animal. Isso mesmo, *animal*!

Que doidice. Animal deveria ser o elefante feio do Edu, feito de massa de modelar, que – parecia ter acontecido séculos antes – Hélio destruíra para fazer esferas representando átomos. Mas aquele elefante, apesar de ser um animal, jamais poderia ser adjetivado como "animal" no sentido que se diz que o show do Iron Maiden foi "animal" ou que escorregar em um tobogã de 800 metros de altura deve ser muito "animal". O elefante – aquela coisa que a misericórdia divina permitiu que deixasse de existir – não tinha nada de "animal". Qualificá-lo de feio já era um eufemismo. Hélio, na verdade, utilizou, na época, termos menos polidos ao justificar para o irmão a destruição da escultura: "aquilo era mais asqueroso que dejeto de filhote de cruz credo".

A recordação do velho elefante do Edu não permaneceu na mente de Hélio por mais de cinco segundos. Seus pensamentos, sim, mantiveram-se fixos na ideia de que a Química era muito legal, realmente *animal*! E tinha certeza de que essa "animalidade" poderia ser potencializada caso conseguisse levar à prática a proposta do Alquimista de juntar a Química à Arte.

***

Finalmente, chegou o último dia de aula antes das férias. Hélio sairia de viagem já no dia seguinte, com destino à casa da vó Neide, sua avó paterna! Desta vez, convidou o Murilo para ir com ele. Seria a primeira vez que viajaria com algum amigo, e estava ansioso com isso porque sabia que, assim, não ficaria na casa da avó só comendo pão de queijo e andando de um lado para o outro sem saber o que fazer. Com o Murilo, poderia aproveitar as férias infinitamente mais. Tinha certeza disso.

A última aula do dia era de Redação. A professora, uma senhora muito sorridente e ágil, embora talvez tivesse idade para ser a bisavó de seus alunos, despediu-se de todos:

– Tchau crianças! Aproveitem bem as férias e não se esqueçam de que o evento de agosto não é só científico, mas também cultural. Isso significa que podem ser apresentados textos, declamadas poesias, etc. Eu ficaria muito feliz se vocês mostrassem ao público seus dotes de escritores. Quem sabe não seria uma boa ocupação para esses dias de descanso.

– *Grande ideia, professora Marília. Criar um texto ou uma poesia. E saber que te daria alegria. Te ver sorrir, é tudo o que eu queria. Mas o que importa; viva o Zé Formiga!*

Os alunos caíram na gargalhada porque, embora estivessem bastante acostumados com os comentários impertinentes do Zé Formiga, a verdade é que normalmente eram ditos de maneira absolutamente cômica. A professora ficou um pouco confusa – com certeza desaprovando o "repente" soltado na hora errada –, mas logo deu risada, admitindo que, de fato, era melhor encerrar o semestre com os alunos sorrindo do que com os alunos chorando. O sinal tocou enquanto todos ainda riam e, após um último voto de "boas férias" da professora, os alunos levantaram-se, despedindo-se uns dos outros com beijinhos, apertos de mão, abraços, tapinhas nas costas. Agora, sim, as férias.

***

A família de Hélio, acompanhada por Murilo, partiu para Aldeia do Vale – cidade da vó Neide – no início da tarde do sábado. Sorte que o Sr. Roberto trocara o carro recentemente e agora estava com um de sete lugares. A viagem foi longa, mas, para Hélio, o tempo passou rápido, pois durante boa parte do percurso ficou contando para o Murilo sobre suas descobertas químicas dos últimos tempos e – para surpresa de Hélio que nunca percebera isso – Murilo era um ótimo ouvinte, e muito esperto!

A vó Neide era bem legal e fazia uns pães de queijo ótimos. Hélio tinha certeza: quando chegassem, teria uma assadeira cheia no forno, só aguardando os estômagos famintos da molecada. Dito e feito. Já no portão da casa da avó, dava para sentir o cheiro do pão de queijo assando.

Depois de todos cumprimentarem a vó Neide, Hélio foi com o Murilo fazer um pouco de hora na sala. Era uma sala ampla, com um sofá de couro já bastante surrado e uma prateleira enorme de madeira maciça que percorria toda a extensão de uma das paredes, onde estava colocada uma porção de quinquilharias, daquelas que as avós gostam (normalmente, lembranças trazidas pelos filhos, netos e parentes de todos os cantos do país). Nas paredes, havia uma infinidade de fotografias, quase todas em preto e branco. Murilo se sentou no sofá, com o olhar passando de foto em foto.

– Essa é a minha vó com meu vô – explicou Hélio, apontando para uma das únicas fotografias coloridas. – Eu que tirei a foto, um pouco antes de meu vô morrer.

– Então, ele morreu faz pouco tempo? – perguntou Murilo.

– Faz pouco mais de um ano, acho – respondeu Hélio, e continuou: – Essas outras fotos são bem mais velhas. Esses daqui são meu bisavô e minha bisavó com todos os filhos. Olha aqui minha vó, nem dá pra reconhecer. Eram oito filhos e já morreram três. Nessa outra foto, a criancinha aqui com o cachorro é a minha tia Glória. Essas outras fotografias nem sei de quem são. Essa, acho que é de um tio do meu vô, que lutou na guerra... Tem tanta gente aí que eu nem conheci...

— Mas fotografia é uma coisa legal — comentou Murilo, olhando demoradamente cada um dos retratos. — Mesmo sem conhecer qualquer um desses teus parentes, tirando a tua vó, me sinto transportado ao passado.

— É, você tem razão — admitiu Hélio. — As fotografias fazem esse tipo de milagre.

— Verdadeira *arte*, isso sim.

Hélio ficou pensativo. Por algum tempo não disse mais nada. Murilo tinha razão; a fotografia é uma arte. E é uma arte que, como nenhuma outra, imortaliza as pessoas. Imortaliza os mortais. A Gi, a olhos vistos, era uma mortal e, mais do que qualquer outra criatura na face da Terra, Hélio gostaria de imortalizá-la. Soltou um discreto suspiro — tão discreto que não chamou a atenção de Murilo — e disse, por fim, em uma voz baixa, mas audível:

— Imortalizar as pessoas é mesmo uma arte.

Nesse momento, ouviram a vó Neide chamando da cozinha. Os pães de queijo estavam prontos e os meninos tinham que se apressar, caso quisessem comê-los quentinhos. Foi o que fizeram; deixaram a sala imediatamente e instalaram-se ao redor da mesa da cozinha. Afinal, comer pão de queijo quentinho na casa da vó Neide era algo que não tinha preço.

Mas a palavra "arte" ficou na mente de Hélio nas horas seguintes. Não era justamente essa a proposta do professor Geraldo para seu trabalho escolar: juntar a Química à Arte? Desenhar era a arte que Hélio melhor conhecia. Mas não via como relacionar um desenho com algum experimento químico. Com a fotografia, talvez as coisas fossem diferentes. Que tipo de artista é capaz de reproduzir imagens tão realistas sobre um pedaço de papel? Hélio tinha noção de que aquelas fotos de antigamente eram feitas pela ação da luz que incidia sobre o filme fotográfico. Mas, ao mesmo tempo, imaginava que "alguém" teria que *fixar* aquela imagem no papel. Não é possível que fosse a luz que imortalizasse um ente querido. A luz é rápida, ela passa por nós com uma velocidade vertiginosa e não espera ninguém, pouco lhe importa que fiquemos para trás. Quem é, então, o artista que interrompe o curso da história e estampa sobre um filme momentos inesquecíveis da vida de uma pessoa? Hélio intuía a resposta, e sentiu os pelos do braço arrepiarem com a expectativa de que pudesse estar certo. Esse artista, provavelmente, chamava-se *Química*.

Estaria aí a chave para seu projeto de agosto? Não poderia responder se antes não descobrisse um pouco mais sobre o funcionamento das fotografias.

***

Ainda restava pelo menos uma hora até o Sol se pôr e Hélio resolveu sair para mostrar ao Murilo o imenso quintal da casa da vó Neide. "Imenso", neste caso, significa que nele cabiam plantações e criações das mais variadas espécimes da flora e da fauna nacionais. Havia lá pés de uns 10 tipos de frutas diferentes (jabuticaba, amora, limão, laranja, maracujá, banana, etc., etc.), também havia plantação de uma grande variedade de verduras (alface, couve, rúcula, espinafre, etc.), de legumes (berinjela, chuchu, abobrinha, jiló, etc.) e de outras coisas que Hélio não saberia classificar (mandioca, tomate, batata, hortelã e uma lista relativamente grande de etecéteras). No imenso quintal, havia também um galinheiro, com galinhas, galos, pintinhos e outros pássaros pequenos que entravam sem serem convidados e saíam sem agradecerem a hospedagem. Tinha também um chiqueiro, com uma porcona e três porquinhos. Outros muitos bichos ficavam soltos, zanzando por todos os lados: quatro cachorros, três pavões e alguns macaquinhos que adotaram as dependências daquela casa para passarem boa parte das horas do dia.

Na manhã seguinte, Hélio acordou cedo (bem mais cedo do que acordaria se não estivesse acompanhado por um amigo). Sua ideia era sair com Murilo para lhe apresentar a cidade que, de tão pequena, poderia ser percorrida de leste a oeste e de norte a sul em menos de meia hora, de bicicleta.

Claro que as bicicletas estavam com os pneus murchos, pois, obviamente, a vó Neide não as usava e estavam paradas fazia meses. Mas tudo bem, poderiam levá-las ao posto para dar um jeito naquilo e depois partir para os zigue-zagues das ruas de Aldeia do Vale.

Murilo era um bom esportista e poderia dar uma canseira no Hélio se não fosse também um bom companheiro que sabia respeitar os limites do amigo. Assim, fizeram um passeio tranquilo, passando pelos pontos mais interessantes da cidade. Murilo pensava estudar Arquitetura no futuro e, por isso, gostava de observar as construções. Não que Aldeia do Vale – com suas poucas casas e nenhum prédio – fosse uma cidade que prestasse muito para inspirar alguém, mas sempre existe algum muro, janela ou varanda com algum toque especial, digno de admiração.

Depois de umas duas horas indo e vindo pelas ruas da cidade, com algumas paradas sob qualquer sombra para reabilitar os batimentos cardíacos, resolveram voltar para casa por um caminho mais agreste, de terra batida e bastante empedrada. O caminho não era longo e, em poucos minutos, chegaram na reta final, que era praticamente uma descida só. Por mais esbaforidos que estivessem, para baixo todo santo ajuda, e Murilo não resistiu a convocar Hélio para um racha, emparelhando-se ao amigo e se inclinando para frente, como quem vai sair em disparada. Hélio entrou na onda e, inclinando-se igualmente, forçou o pedal, sentindo o arranque. O chão estava longe de ser um tapete, e as bicicletas desceram solavancando desembestadamente. Hélio, no calor da aventura, empolgou-se além da conta e, estando ligeiramente adiantado, achou que deixaria a coisa ainda mais emocionante se cruzasse diante de Murilo, dando-lhe um susto e fazendo-o frear. Mas Hélio não estava suficientemente à frente do amigo e, então, ao passar para o outro lado da via, sua roda traseira pegou em cheio a roda dianteira da outra bicicleta, derrubando-a no chão e lançando Murilo no ar, que voou diretamente para uma moita à beira do caminho. Santa moita, que salvou um ser humano de ser esfolado vivo. Hélio não caiu, embora tenha quase perdido o equilíbrio ao olhar para trás, perplexo ante a visão do desastre. Freou imediatamente e, jogando de lado sua bicicleta, foi acudir o amigo, estatelado na moita. Murilo respirava (já era algo para se comemorar). De qualquer forma, Hélio se sentiu aliviado ao vê-lo se mexer assim que o chamou. Murilo se apoiou sobre os braços e levantou-se, lentamente, mas sem precisar de ajuda. Ufa, parecia que tudo estava bem. Mas, em questão de segundos, uma mancha sanguinolenta aflorou do seu joelho direito, mostrando que não saíra ileso do acidente.

    Estavam a poucos metros do final da estradinha, que desembocava na rua a dois quarteirões da casa da vó Neide. Poderiam completar o percurso a pé, empurrando as bicicletas empoeiradas. Hélio, caminhando ao lado de Murilo, não se cansava de dizer "foi mal", "como sou burro" e "tem que ser muito idiota mesmo pra fazer o que eu fiz", ao que Murilo respondia dizendo algumas vezes "não foi nada, foi só uma raladinha", "sorte que você me arremessou bem na moita" e outras vezes fazia eco à autocomiseração de Hélio, concordando – de brincadeira – com um "você tem razão, você é muito burro" ou "Hélio do céu, parece que nunca andou de bicicleta na vida".

Entraram na casa e foram diretamente para o quintal gigante da vó Neide para que Murilo pudesse lavar o joelho em uma das muitas torneiras instaladas por lá.

Depois de limpo, foi possível ver que a ralada foi leve e Hélio se lembrou da "maneira Alquimista" de encarar esse tipo de situação:

– Vou ver se minha vó tem um negócio que é ótimo pra passar em machucados – falou Hélio, lembrando-se da água oxigenada.

– Acho que nem precisa passar nada não – respondeu Murilo. – Só um papel pra limpar o sangue tá bom.

Hélio não se deu por vencido:

– Mas é um remédio que tem um efeito muito legal, você precisa ver – e saiu correndo para dentro de casa à procura de algum frasco escrito "água oxigenada".

Em dois tempos, Hélio achou o que procurava e voltou ao encontro de Murilo com o frasco na mão.

– Tá aqui – Hélio falou, todo felizão, escondendo o rótulo. – Deixe-me passar aí e você vai ver o que acontece.

– Mas o que é isso?

– Nem te conto, cara. Você vai ver o efeito que isso tem.

– Mas você não vai me dar um negócio que nem sei o que é.

– Confie em mim, Muriloco. Quando foi que te coloquei em apuros?

– Vamos pensar... uma vez... há uns 15 minutos – Murilo respondeu, sarcástico.

– Pois é, coisa do passado – Hélio retrucou, sem se incomodar com a indireta.

– Pare de besteira, Hélio. Deixe-me ver o que é isso.

– Tudo bem, eu te digo. Isso é água! Juro que é água.

– Água oxigenada?

– Mas como você sabe?

– Eu não nasci ontem, Hélio!

– Mas você sabe o que acontece quando coloca água oxigenada no machucado?

– Claro que sei, já usei isso um milhão de vezes.

– Ah, seu chato – Hélio disse, decepcionado. – Estragou a graça do negócio.

– Que graça tem ver o machucado espumar quando joga isso em cima?

– A graça que tem é que dá pra estudar Química porque acontece uma reação de...

– Decomposição! – completou Murilo, sem titubear. – O Alquimista falou isso em uma das primeiras aulas do ano.

– E você se lembra?

– Se eu me lembro? Se estou falando que ele disse isso na aula é porque me lembro de ele ter dito isso na aula. Conclusão lógica, não?

– Conclusão brilhante, Muriloco. Mas não consigo me lembrar de nada que qualquer professor tenha dito há mais de dois meses.

– Isso porque, até dois meses atrás, você vivia na Lua. Admita, Hélio; nesses últimos tempos você deu uma boa aterrissada, não?

– Você acha mesmo? Então não vou discutir, Muriloco!

– Muriloco é a vó! – Murilo se fez de exasperado, embora, no fundo, não se incomodava muito com o apelido que Hélio acabara de desenterrar.

O problema é que foi só dizer "muriloco é a vó", a vó Neide apareceu na varanda dos fundos da casa, onde os dois meninos estavam conversando. Murilo ficou vermelho, ainda mais porque disse aquilo mais para brincar com Hélio do que para manifestar irritação. Sorte que a vó Neide desconversou, talvez para não constranger o visitante, talvez porque não tenha ouvido o que o garoto acabara de dizer.

– Meninos, hoje à tarde vai ter a feirinha na rua Cotoxó – disse a senhora. E, voltando-se para Hélio, acrescentou: – Podemos ir lá para passear um pouco e escolher um anel de diamantes para sua mãe.

Hélio permaneceu calado, tentando entender o motivo que levaria sua avó a querer comprar um anel de diamantes para a nora. Em questão de segundos, lembrou-se de que sua mãe faria aniversário dois dias depois e com certeza sua avó faria aquela compra a pedido de seu pai, que pagaria o presente. Mas um anel de diamantes devia custar uma fortuna! Sua mãe nunca foi de esbanjar grana com esse tipo de luxo. Além de tudo, não imaginava que se vendessem coisas tão valiosas em feirinhas de rua. Enquanto pensava nisso, a vó Neide reparou no machucado do joelho de Murilo.

– O que aconteceu com seu joelho, filho?

– Ah, meu joelho? Não foi nada, só dei uma raladinha andando de bicicleta. Mas a bicicleta não estragou...

– Ora, não estou preocupada com a bicicleta – disse a vó Neide, aproximando-se do menino para ver de perto o machucado. – Você precisa passar alguma coisa para desinfetar isso.

– Não se preocupe. Foi muito leve, já lavei com bastante água – respondeu Murilo, tranquilizando a senhora.

– Tudo bem. Mas entre para tomar um banho e lave melhor com sabão.

– Pode deixar, dona Neide. Só que eu esqueci de trazer minha toalha...

– Não tem problema. Vou buscar uma, mas vão entrando. O almoço já está quase pronto e vocês precisam se apressar.

Ao dizer isso, a vó Neide entrou na casa, desaparecendo da vista dos meninos. Hélio ficou parado segurando o frasco de água oxigenada, enquanto Murilo o observava, esperando que dissesse algo. Olhando novamente para o joelho do amigo, Hélio por fim disse:

– Se você não quer passar água oxigenada no machucado, então não passe, o joelho é seu.

– Que bicho te mordeu, Hélio? Tá irritado com alguma coisa?

– Desculpe. Talvez eu esteja irritado comigo, isso sim. Vamos nos aprontar pra almoçar e ir à feirinha à tarde. Acho que essa água oxigenada não serve pra muita coisa mesmo.

CAPÍTULO QUARENTA

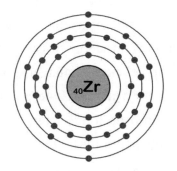

ZrO$_2$ – óxido de zircônio ou zircônia –, quando em estrutura cúbica, é classificado como "gema artificial", imitando tão bem um diamante que é tido como a opção mais econômica para substituí-lo em joias.

– Ah, eu sabia que não ia ter diamantes aqui nessa feirinha – Hélio disse para si, exultante, segurando entre os dedos um anel com uma brilhante pedra de zircônia. E, voltando-se para a mocinha *hippie* sentada atrás da tábua forrada de joias, perguntou:

– Quanto custa este?

– Os preços estão atrás das etiquetas – respondeu a mocinha. – Se levar quatro do mesmo preço, só paga três.

Hélio olhou a etiqueta do anel que tinha nas mãos e, no verso de onde se lia "anel com zircônia", viu o preço do objeto. Ficou surpreso, pois imaginava que seria muito mais caro. Devia ser mais um milagre da Química: a tal da zircônia era bonita pra chuchu e deixava as joias bem mais baratas do que se fossem feitas com diamantes de verdade. Não seria má ideia levar quatro peças, aproveitando a promoção. Poderia dar dois anéis para sua mãe, um para a Tati e... um para a Gi. Mas logo, pensando melhor, abriu mão dessa ideia. Deixaria a avó escolher o presente para a mãe, e fim de história. Quando se deu conta, Murilo estava longe, provavelmente interessado por coisas mais másculas. A vó Neide, pelo contrário, estava na barraca ao lado, conversando animadamente com um atendente com o corpo cheio de tatuagens, brincos e piercings, que também vendia joias. Estava na cara que a avó acabara de comprar um anel e, mesmo vendo-o de longe, Hélio percebeu que era muito lindo, engastado com uma pedra lilás. O garoto se aproximou, e leu na papeleta que encabeçava os demais anéis expostos para venda: "anéis de zircônia de diversas cores". Sua mãe receberia um belo presente de aniversário. *Valeu Química, se a zircônia é mesmo uma criação sua!*

***

Os dias foram passando. Dona Yolanda gostou muito do anel de zircônia; o joelho de Murilo ficou zerado, lavando só com água e sabão; todo mundo comeu muito pão de queijo (todos os dias, de manhã, à tarde e à noite); os meninos (Hélio, Murilo e Edu) subiram muitas vezes nos diversos pés de frutas, correram muitas vezes atrás dos cachorros e das galinhas da vó Neide e, muitas vezes, entraram sujos de terra na cozinha limpa da casa. Com essas e com outras, Hélio não voltou a pensar no projeto para o evento da escola.

A dois dias do retorno para Platópolis, Hélio e Murilo estavam sentados na sala quando Murilo começou a falar, como que se programando para os dias que ainda teria de férias:

— Na terça, já vou comprar as coisas para o meu projeto. Não posso demorar nem um dia mais, senão tô frito.

Hélio ficou espantado com esse comentário. Nem sabia o que Murilo faria para a feira, pois em momento algum haviam conversado sobre o assunto. Mas, ao que tudo indicava, Murilo já tinha bem claro o que iria fazer. Ele, Hélio, pelo contrário, estava mais perdido do que cego em tiroteio.

— O que você vai apresentar na feira? — Hélio perguntou.

— Uma maquete mostrando como era o quarteirão do *Colégio Repercussão* quando a escola foi fundada, há 60 anos — respondeu Murilo, observando mais uma vez os retratos pregados nas paredes. — Inclusive essas fotografias me deram uma ideia: vou pintar toda a maquete com tons de cinza, como se fosse uma foto antiga.

— Criativo você! — comentou Hélio, desanimado consigo mesmo. — Eu não sei o que vou fazer, tô muito confuso!

— Ainda não pensou em nada? Nenhuma ideiazinha?

— Pensar já pensei, mas quanto mais penso, mais fico confuso.

— Em que você já pensou? Vamos resolver isso agora. Nada como a casa da vó pra inspirar as ideias mais mirabolantes.

— Ideias mirabolantes em uma sala com um monte de velharia pendurada pelas paredes?

— Bem que essas fotografias poderiam te inspirar, como me inspirou.

— Na verdade, elas já me deram uma ideia. Mas é o que digo: foi apenas mais uma ideia que só serviu pra aumentar minha confusão mental.

— E qual foi essa ideia?

— Pensei em relacionar a Química com a fotografia, porque deve ter sido a Química que inventou a fotografia, se é que você me entende.

Murilo ficou em silêncio, pensativo. Por fim, disse:

— É uma boa ideia.

— Ha, ha! Você deve estar de brincadeira comigo. Como é uma boa ideia, se nem sei nada de fotografia? Até eu aprender alguma coisa sobre isso e pensar o que posso fazer de interessante, já chegou agosto.

— Eu te ajudo. Tenho uma noção do assunto.

— Ah, tem?

— Meu pai gosta dessas coisas e já me explicou como funcionam as fotos tiradas em papel ou em filme. Não é por nada não, mas acho que era bem mais legal tirar fotos antigamente; tinha certa emoção, porque não dava pra tirar uma atrás da outra e deletar as ruins. Hoje, não tem nem graça, qualquer criancinha tira foto.

— E como funcionava antigamente?

— Muito antigamente, existia um papel que ficava dentro das máquinas...

— "Muito antigamente" é o quê? Antes de Cristo?

— Antes de Cristo? Claro que não, Hélio. Faz uns 150 anos que inventaram a fotografia. Então, foi depois disso.

— Então não é muuuito antigamente. É só antigamente!

— Não importa, assim vai ser difícil te explicar as coisas. O importante é que teve uma época em que faziam a fotografia sobre um papel que era recoberto de brometo de prata.

– Brometo de prata? Mas como você sabe tudo isso? – Hélio perguntou, espantado, achando curioso Murilo falar de termos químicos com tanta naturalidade.

– Já te disse, Hélio. Meu pai sabe *tudo* de fotografia e já me explicou várias vezes – respondeu Murilo, um pouco contrariado pelo excesso de interrupções.

– Tudo bem, tudo bem. Então, você tava falando que usavam um papel com brometo de... do que mesmo?

– Brometo de *prata*. Você não é tão burro assim e sabe que brometo de prata é um sal.

– Claro que sei, é feito de íons: a prata tem uma carga positiva e o bromo tem uma carga negativa. Ha, ha! Acha que não manjo de Química, moleque? Manjo tu-do.

– Tá bom, vai. Bom, então o que acontece é que, não sei direito o porquê, mas a luz tem a capacidade de fazer alguns átomos de prata ganharem elétrons dos átomos de bromo. Na verdade, cada prata ganha só um elétron e cada bromo perde só um elétron. Aí, a prata fica na forma metálica e não mais iônica, e escurece. O legal é que a quantidade de prata que escurece depende da quantidade de luz que entra na máquina fotográfica e forma um "negativo", que é o inverso da realidade: fica escuro onde entrou mais luz e claro onde entrou menos luz.

– Já vi esses "negativos" de umas fotos que tenho lá em casa – Hélio falou, lembrando-se de uma caixa de madeira onde sua mãe guardava algumas fotos antigas da família juntamente com um envelope contendo os negativos.

– Mas você deve ter visto os negativos em *filmes* fotográficos, e não em *papéis* fotográficos. O filme é uma invenção menos antiga...

– Certo, tô entendendo...

– Na verdade, quando a luz bate no papel fotográfico, são poucos átomos de prata que se tornam metálicos. Então, precisa colocar o papel em contato com algum composto químico que possa doar elétrons para outros átomos de prata. Os átomos de prata que já estão na forma metálica servem de catalisador no processo de, vamos dizer, "metalização" dos átomos de prata vizinhos. Ou seja, onde havia muitos átomos de prata na forma metálica, há um escurecimento mais considerável; onde havia poucos átomos de prata "metalizados", já não escurece tanto. Esse processo se chama "revelação".

– E qual é o composto químico que se usa pra fazer essa revelação? – perguntou Hélio, que, nessas alturas, estava acompanhando a explicação muito atentamente.

– Ah, isso eu já não sei. O que eu sei é que, depois da revelação, ainda precisa fazer um processo que se chama "fixação", que serve pra retirar do papel os átomos de prata que ainda estão na forma iônica. Isso é importante porque, se os átomos ficassem lá, o papel continuaria escurecendo conforme fosse batendo luz nele, e em pouco tempo toda a foto ficaria preta.

– E você também não sabe o que se usa pra fazer a fixação?

– Meu pai já me falou, mas não me lembro de tantos detalhes. Mas é alguma substância química que reage com a prata iônica e, depois, se dissolve na água, podendo ser retirada do papel.

– Mas o papel é colocado na água? – Hélio perguntou, tentando entender os detalhes.

– Ah, sim. Mas é um papel especial, que não se desfaz na água. Ah, outra coisa legal é que todo esse processo é feito em uma sala iluminada só com uma luz vermelha, porque a luz vermelha tem pouca energia e, por isso, não escurece a prata.

– Interessante. Mas o que posso fazer no projeto? Levar umas fotos antigas e explicar como eram feitas? Muito sem graça...

– Só levar algumas fotos e explicar não tem muita graça mesmo. O mais legal seria você próprio *fazer* uma fotografia e levar o resultado. Tenho quase certeza que meu pai tem uns papéis fotográficos em casa.

– Mas e a máquina pra tirar a foto com esse papel? Nunca vi isso na vida.

– Tenho uma ideia melhor, que dispensa a máquina – Murilo, sentado na poltrona, inclinou-se para frente, colocando a cabeça entre as mãos. – Agora estou me lembrando de que, uma vez, meu pai pegou um desenho que eu tinha feito pra ele e, em uma sala só com uma luz vermelha acesa, colocou sobre um papel fotográfico. Depois, ele acendeu uma luz forte sobre o papel com o desenho, por alguns minutos. Imagino que a luz conseguiu passar pela parte branca do papel, e não passou pela tinta preta do desenho. Aí, ele tirou o desenho de cima do papel fotográfico e colocou o papel em uma bandeja com o líquido revelador, depois lavou o papel e colocou em outra bandeja com o líquido fixador, e enxaguou no final.

– Aí formou o "negativo" do seu desenho? – Hélio perguntou, sem saber ao certo se havia compreendido toda a descrição de Murilo.

– Isso mesmo, a fotografia registrou o meu desenho invertido: ficou preto onde era branco e branco onde era preto.

O rosto de Hélio se iluminou! Aí estava a chave da questão: a Arte junto com a Química! Seu projeto: algum desenho que ele próprio poderia fazer, transferindo-o "quimicamente" para um papel fotográfico. Não via utilidade naquilo, mas via graça! E isso era o que importava. Desde quando se deve procurar utilidade na Arte? A Arte não existe para ser útil. Ela existe para deleitar o espírito! E a Química existe para sustentar a Arte! Bela justificativa para seu projeto. E que desenho faria? Não havia dúvida, já tinha a musa ideal.

CAPÍTULO QUARENTA E UM

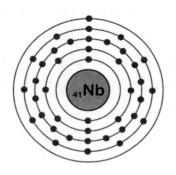

Nb – além de ser o símbolo do elemento químico nióbio – pode ser entendido, no mundo "internético", como a abreviação de *noob*, gíria que significa "iniciante" ou "novato". Hélio era um autêntico *noob* no ramo da fotografia, mas estava disposto a se aprofundar um pouco no assunto e encarar o projeto. Claro, não seria nenhum projeto de outro mundo, mas exigiria conhecer mais sobre os sais de prata, sobre a ação da luz nesses sais, sobre os compostos que são usados como reveladores, fixadores, etc., etc. Acima de tudo, estava disposto a dar o melhor de si para fazer um desenho da Gi – sem detalhes desnecessários que talvez impedisse a reprodução exata no papel fotográfico, mas que tivesse a magia de tocar o coração da menina.

De volta a Platópolis, mesmo tendo ainda duas semanas de férias pela frente, Hélio não perdeu tempo e foi à casa do Alquimista

para conversar com o professor sobre sua ideia para o evento científico-
-cultural e para ver como estava a Gi.

    Chegou lá no meio da tarde e ficou surpreendido por ter encontrado a menina com uma disposição física ótima. Nos poucos dias que Hélio esteve viajando, ela sentiu uma melhora considerável e, embora muito debilmente, conseguia andar dentro de casa apenas se apoiando nas muletas, sem a necessidade da cadeira de rodas. Quando Hélio se deu conta da espantosa evolução da saúde da Gi, seu espírito se inundou de uma súbita esperança de que ela se curasse, e teve vontade de pular de alegria e dar um abraço forte, muito forte, na menina. Apenas teve vontade, mas se conteve, limitando-se a abrir um sorriso de orelha a orelha e disparando trocentas mil perguntas de como tinha passado aqueles dias, se havia saído para passear mais vezes no *Cumbuca*, qual era a opinião dos médicos com relação à evolução do tratamento, como havia sido a recente visita de suas duas irmãs, se tinham matado as saudades, etc., etc., etc.

    A Gi respondia a tudo com muita boa vontade, mas, depois de uns 15 minutos de conversa, já mostrava sinais de cansaço. O Alquimista, ao perceber que o prolongamento do papo poderia não cair bem à filha (que, embora mais bem disposta, ainda se cansava facilmente), interrompeu simpaticamente a conversa e sugeriu que ela fosse deitar-se um pouco. A menina, sem desfazer seu sorriso, aceitou prontamente a sugestão do pai, o que comprovava que realmente devia estar esgotada.

    A sós na sala com o professor Geraldo, Hélio aproveitou para expor tudo o que Murilo havia lhe explicado sobre fotografias e o que ele próprio tinha pensado sobre um possível projeto para a apresentação escolar, omitindo a informação de que pretendia desenhar precisamente a Gi. O professor ficou contente com o interesse de Hélio e, principalmente, com a engenhosidade do aluno em conseguir, ele próprio, relacionar a Arte com a Química, como haviam conversado semanas antes.

Hélio não perdeu a oportunidade de esclarecer muitas de suas dúvidas, e soube que a substância tradicionalmente usada para a revelação das fotografias era a hidroquinona. Para a fixação, normalmente se usava o tiossulfato de sódio.

— A hidroquinona é um composto "redutor" – explicou o professor –, ou seja, tem a capacidade de doar elétrons para outras substâncias e, por isso, ela é usada para fornecer elétrons para a prata no processo de revelação das fotografias.

— E é fácil conseguir essa hidroquinona? – perguntou Hélio, preocupado em ter acesso a todo o necessário para seu projeto.

— Facílimo. Mas acho que você pode colocar um toque ainda mais original no seu experimento. Existem muitos compostos redutores, com propriedades semelhantes às da hidroquinona.

— Por exemplo?

— Vou citar apenas um: ácido ascórbico.

— ...?

— Mais conhecido como vitamina C.

— Ah, sim. Minha mãe tem mania de falar que isso faz bem pra saúde. Mas ela sabe que não vou morrer por falta de vitamina C, porque tem bastante no limão e... ninguém pode dizer que minha dieta seja carente de limão, ha, ha!

— Aposto que não! – riu também o professor.

– Mas, e então? Acho que nos desviamos do assunto – comentou Hélio, que não queria perder tempo.

– De maneira alguma. Estamos no clímax do assunto!

– ...?

– E você já chegou à conclusão que eu esperava – falou o Alquimista, visivelmente satisfeito. – Se o limão tem bastante vitamina C, e a vitamina C é um composto redutor, então...

– A gente pode usar limão para revelar a fotografia! – Hélio praticamente gritou. Que ideia fantástica! Absolutamente genial! Arte, Química, Gi, limão! Só faltava poder usar gemada para o processo de fixação da fotografia. Não custava nada perguntar.

– Não acredito que algum ingrediente da gemada seja capaz de remover o excesso de prata iônica do papel fotográfico – disse o Alquimista, quando Hélio lhe perguntou da gemada. – Sinto dizer, mas aí você já está querendo demais, não? – o professor deu risada, considerando que a possibilidade de utilizar suco de limão para revelar uma fotografia contendo um desenho feito pelo próprio Hélio já era uma ideia suficientemente original. Poderiam se conformar com uma "fixação" clássica, sem problemas.

***

Com contida emoção, voltando para casa, Hélio se lembrou de sua antiga aversão à Química. É espantoso como as coisas mudam, numa reviravolta muitas vezes violenta. A Química não mudou, Hélio sim é que passou a vê-la com outros olhos. Tudo se encaixava de uma maneira diferente e, agora, tudo era mais belo, mais atraente. A vida ganhou cores, as cores ganharam vida. Antes era grafite. Pior, carvão.

Agora, belo, brilhante, nobre... agora é diamante. Os mesmos elementos da vida conjugados de uma maneira diferente. Como na alotropia. Palavra esquisita, de origem grega. Mais de uma vez Hélio havia procurado na Internet, porque não era fácil memorizar: aprender grego não é como aprender um macete novo em um joguinho qualquer. Ou revê com frequência ou se esquece. Alotropia vinha de *allos*, outro, e *tropos*, maneira. Os átomos de carbono, ligados entre si de uma determinada maneira, podem formar carvão; de outra maneira, grafite. Mas é incrível como os mesmos átomos de carbono, que compõe o sujo e enegrecido carvão ou o frágil e pouco valorizado grafite, rearranjados de *outra maneira*, podem formar o precioso diamante, gema das mais cobiçadas, pedra de espantosa beleza. Assim é a vida. Assim é a Química. De um momento para outro, tudo pode parecer igual, todos os mesmos elementos corriqueiros da vida de uma pessoa. Mas tudo pode ter um sentido novo, uma consistência diferente. São as conexões que os elementos fazem entre si que dão ou desdão o sentido das coisas: ou se acumulam num quebradiço amontoado de dias mal vividos, num arrastar de uma vida inútil e sem valor, ou constroem algo belo e duradouro, enriquecendo mais e mais a vida de quem, como no caso de Hélio, com o impulso da Química, ganhou sangue nas veias e paixão no coração.

CAPÍTULO QUARENTA E DOIS

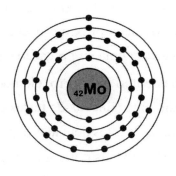

Molhado até os ossos, Hélio chegou em casa depois de enfrentar uma chuva fora de época. A tarde havia sido ensolarada, mas, de repente, um forte vento açoitou Platópolis e densas nuvens se acumularam naquele pedacinho de céu que recobria a cidade, precipitando gordas gotas de uma água fria e... molhada. Hélio não conseguiu nenhum refúgio naquele domingo em que as lojinhas estavam fechadas e todas as pessoas descansavam em suas residências. Correu como pôde, chapinhando com seu tênis encharcado as poças estrategicamente distribuídas ao longo do caminho, num *slept, slept* que só terminou quando alcançou o alpendre da entrada da sua casa.

Seu plano inicial era aproveitar esse seu último dia de férias para visitar a Gi. Mas, com a chuva inesperada bem no momento em que voltava da casa do Murilo e se dirigia à do Alquimista, foi obrigado a tomar o caminho mais curto para sua própria casa. Sempre pensou que qualquer aguinha caída do céu poderia deixá-lo de cama, com febre, sem voz e sem apetite. Pura frescura, porque, na verdade, tinha uma saúde bastante boa e não seria uma chuva, por mais molhada que fosse, que iria tirá-lo de combate. De qualquer forma, tinha medo de ficar doente bem às vésperas do reinício das aulas. Afinal, a perspectiva do garoto com relação aos estudos era bem diferente de seis meses antes e, ainda por cima, estava cada vez mais próximo o evento científico-cultural, para o qual se preparava com uma empolgação cada vez maior.

De fato, nos dias anteriores, aproveitando o tempo disponível das férias, Hélio realizou uma pancada de testes com o papel fotográfico: comparou os resultados de fotos deixadas expostas à luz por bastante tempo com outras expostas apenas por alguns segundos; utilizou umas vezes a luz solar e outras vezes luzes artificiais; testou uma infinidade de limões diferentes para ver qual fornecia um melhor resultado no momento da revelação; algumas vezes deixava o papel fotográfico mergulhado no caldo de limão apenas por alguns minutos, e outras vezes deixava-o submerso por horas a fio; checou os resultados da revelação feita com o sumo de limão pré-aquecido com os resultados do sumo pré-resfriado... Assim, com tanta dedicação, chegou à receita perfeita. Restava reproduzi-la, fazendo a foto definitiva.

Mas, para a foto definitiva, faltava ainda o desenho definitivo. Em meio a todos esses testes, Hélio não tirava da cabeça que teria que fazer algo digno da Gi. Sentia-se suficientemente competente para fazer determinados desenhos, mas reconhecia não ser nenhum superartista capaz de colocar no papel o que bem entendesse. Se não foi pequeno o tempo dedicado aos experimentos fotográficos, foi infinitamente maior o tempo dedicado às tentativas de rascunhar a imagem da Gi que tinha em mente. Mas... em vão! Não acertava os traços. Papel após papel, o que se plasmava neles não satisfazia minimamente as intenções do rapaz. O que fazer? Desistir? Não! Tentar outros estilos, novas perspectivas, formas diferentes? Talvez fosse a saída. Por fim, surgiu! A ideia germinou, cresceu, desabrochou. Dessa vez, não foram só o lápis e a caneta que entraram em ação, mas também o pincel. Por fim, lá estava, terminada. Estampada no papel. Linda, delicada, cheia de significado. A Gi iria gostar daquilo, com certeza.

No dia do evento, Hélio exporia apenas a fotografia principal, do tamanho de uma folha sulfite, colocando-a na moldura de um quadro, como uma autêntica obra de arte. Além disso, faria uns cartazes com escritos e esquemas explicativos a respeito dos processos químicos envolvidos no seu projeto, colocando em destaque a utilização do limão (mais propriamente, do ácido ascórbico ou vitamina C) na etapa da revelação.

Tinha tudo bem esquematizado na cabeça, e aguardava ansiosamente o dia para mostrar sua obra de arte à Gi e ao professor Geraldo. Será que a Gi estaria bem de saúde para visitar o evento na escola? Hélio estava absolutamente confiante na melhora da menina, a tal ponto de nem lhe ocorrer que pudesse estar sem condições de sair de casa dali a duas semanas. Afinal, era sua musa, sua inspiração, sua motivação. A Gi continuava sendo o catalisador de grandes transformações na vida do *garoto nobre*. E, o melhor de tudo, soube que ela nem sequer estava mais fazendo os tratamentos no hospital. Nada de radioterapia nem de quimioterapia. Foi o que o Alquimista disse na última vez em que Hélio tentou visitá-la, três dias antes do domingo chuvoso. Naquele dia, não a pôde ver, pois havia ido se deitar – devido a uma dor de cabeça que a estava incomodando, tomou um comprimidinho do tamanho de um grão de arroz, sendo imediatamente nocauteada. Apesar disso, a verdade era uma, irrefutável: a Gi já tinha passado pelo pior e agora recuperaria seus movimentos nas pernas, seus quilos perdidos, seus cabelos volumosos. Não precisaria recuperar seu sorriso, porque isso nunca havia perdido.

CAPÍTULO QUARENTA E TRÊS

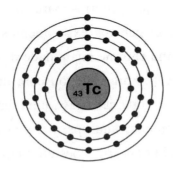

Tchau férias, *adiós*! Oi escola, tudo bem?

Sim, tudo estava bem. As férias acabaram e todos os alunos regressaram às aulas descansados e com as ideias fervilhando para o evento que aconteceria em menos de duas semanas.

Duas semanas passam rapidamente, embora muita coisa possa acontecer nesse aparentemente exíguo intervalo de tempo. Em duas semanas, um Zé Ninguém pode comprar um bilhete de loteria e se tornar um novo milionário; em duas semanas, um tenista pode ser cotado como o favorito ao título de *Roland-Garros* e sair derrotado; em duas semanas uma rosa pode desabrochar, arrancar diversos "Ó, que rosa mais linda" de senhoritas amantes de flores, depois murchar e morrer. Duas semanas... parece pouca coisa, mas pode ser tudo. Pode ser o suficiente para o desfecho de uma história cheia de idas e vindas;

pode ser o tempo preciso para espremer um limão até o fim, derramando suas últimas gotas.

***

Duas semanas se passaram e chegou o dia da apresentação.

A escola toda estava transformada: os alunos se distribuíram nas diversas salas de aula, com seus estandes, cartazes, faixas, instrumentos musicais, cenários e trajes próprios para as apresentações teatrais, instrumentações caseiras para os experimentos de Ciências, maquetes, caixas de som e uma enorme quantidade de outros materiais. Para se ter uma ideia, o Zé Formiga chegou com uma fantasia de girafa, acompanhado pela Alice, que carregava uma fantasia de árvore, cujas folhas eram suficientemente altas para a girafa não as alcançar. O Zneider levava sobre si umas armações elípticas de arame, com diversas bolas coloridas de isopor encravadas, estando ele próprio vestindo uma camiseta amarela com a palavra "SOL" escrita na frente e atrás. E o Caíque, ajudado pelo Tobias, enchia uma pequena piscina inflável ao lado de um amontoado de 10 ou 12 caixas de amido de milho.

Todos estavam se preparando e ainda tudo estava de pernas para o ar faltando apenas alguns minutos para as 10h, horário marcado para o início das apresentações. Mas tudo bem, porque quase nenhum dos visitantes chegou pontualmente às 10h e tudo já estava bem mais organizado às 10h30, quando realmente zanzava pela escola um bom grupo de pais e convidados.

Hélio se instalou em uma sala do segundo andar, ao lado de outros três colegas, cada um com seu respectivo trabalho em um canto diferente do recinto. Os visitantes eram muitos, desde crianças – que mais se interessavam em saber se as experiências de química explodiam – até adultos de todas as idades: pais dos alunos, tios, avós, vizinhos. Hélio estava feliz com o interesse das pessoas por seu trabalho, e recebeu diversos elogios por sua arte, pelo domínio que demonstrava ao expor as reações químicas envolvidas no projeto e pela eloquência com que explicava o funcionamento das sucessivas etapas do processo fotográfico. Foi alucinante o ritmo com que repetiu as mesmas explicações durante toda a manhã. Quando a fome bateu, pendurou um cartaz "Volto Já" em seu estande e saiu para comer um cachorro-quente na cantina.

Onde estariam o Alquimista e a Gi? Provavelmente, estavam visitando a feira e ainda não tinham topado com o trabalho de Hélio. Mas não era possível. Com certeza seria o primeiro trabalho que procurariam para visitar. Com o cachorro-quente em uma mão e um copo de suco de milho na outra, Hélio percorreu a escola inteira em busca de um homem alto e magro, e uma menininha com um lenço na cabeça, talvez em uma cadeira de rodas ou apoiada em duas muletas. A cada sala que Hélio espreitava, aumentava a sensação de que algo errado acontecia. Após percorrer mais da metade das salas da escola, encontrou seus pais e irmãos assistindo a um show de mágicas montado por um grupo de alunos da idade do Edu. As mágicas eram fraquíssimas e qualquer 'nó cego' conseguia perceber os truques que estavam por trás de cada apresentação. De qualquer forma, no final de cada uma das baboseiras que os meninos faziam, todos os assistentes batiam palmas e diziam que eles eram umas gracinhas.

– Oi Hélio, que bom que te encontramos – dona Yolanda falou, assim que viu o filho, após encerrar aquela sessão de mágicas. – Onde está o teu projeto? Estamos loucos para ver.

– Ah, mãe, meu trabalho não é nada de mais – respondeu o menino, disfarçando uma súbita preocupação que o assaltou nos últimos minutos. – Eu estava querendo encontrar o professor Geraldo. Faltam duas horas para acabar a feira, mas nem sinal dele.

– Também não o encontrei – respondeu a mãe. – Vai ver que preferiu esperar para almoçar em casa e vir agora à tarde.

– É, pode ser...

Lembrando-se que seu trabalho estava às moscas, com o "Já Volto" mal e *porcamente* pendurado nele, apressou-se para voltar a seu posto, sem deixar de lançar um olhar no interior de cada sala que passava para ver se encontrava o professor Geraldo com a Gi. Mas nada! Reassumiu o lugar diante do seu trabalho e continuou com as explicações para um púbico tão interessado quanto o público da manhã. Porém, sua mente estava cada vez mais longe do que ia dizendo. Apenas repetia sempre o mesmo discurso, maquinalmente e desprovido da emoção com que expunha seus conhecimentos nas apresentações anteriores. Claro, o público não deixou de captar esse tipo de coisa e os elogios foram diminuindo, até que os últimos que assistiram a apresentação do garoto já nem faziam qualquer pergunta e mostravam-se mais interessados em se despedir e ver se os estandes vizinhos continham trabalhos com alunos mais motivados e envolvidos com seus projetos.

Faltando 20 minutos para as 16h – horário marcado para o término das apresentações dos alunos e momento em que seriam contados os votos do público para a premiação do júri popular –, Hélio já não aguentava mais de ansiedade: abandonando sem cerimônias um grupo de pais que demonstrou certo interesse em ouvir suas explicações, saiu da sala levando consigo a fotografia enquadrada da Gi. Era evidente, a menina não devia estar bem disposta e o Alquimista ficou com ela em casa. Tudo bem, Hélio iria pessoalmente levar-lhe aquela fotografia. Feita com tanto carinho, com certeza aquela homenagem lhe daria uma grande alegria. Talvez, fosse até melhor assim; presenteá-la em casa, com dedicação exclusiva, ao invés de ter que dividir com outras tantas pessoas na escola a explicação de tudo o que havia por trás daquele singelo retrato.

Saiu da escola sem falar com ninguém, nem mesmo com seus pais (que, a essas alturas, estavam desesperados procurando a sala onde estava o trabalho de Hélio para que pudessem vê-lo antes do término do evento). Da escola até a rua Machado de Assis, no Jardim Arapuã, eram bem uns quatro quilômetros. Mesmo assim, Hélio saiu andando com passos rápidos em direção à casa do Alquimista, tomado por uma sensação de que algo errado estava acontecendo. A caminhada deixou-o suado, o que não impediu que saísse correndo faltando três quarteirões para chegar ao seu destino. Aproximando-se pela Olavo Bilac, viu a casa do professor adiante, na esquina. Parecia que tudo estava calmo e ocorreu-lhe que, àquela hora, devia estar acabando o *Sabadão da Ilusão*, e talvez a Gi estivesse se divertindo vendo algum número fantástico do Guerry. Mas tudo parecia calmo *demais*. Não só o portão estava fechado, como sempre, mas também as janelas. Reparando melhor, viu que o carro não estava na garagem. Definitivamente, não havia ninguém na casa. Onde estariam? Será que foram à escola e Hélio se desencontrou deles? Não, já estava tarde demais. Eles não chegariam à feira faltando apenas 20 minutos para o término.

Confuso e preocupado, Hélio se deu conta de que já estava imóvel diante daquele portão de onde, há quase cinco meses, saíra um demônio disposto a fulminá-lo com uma poção de água oxigenada. Na época, a que extremos o levara sua imaginação... a quantas fantasias o conduziu seu mundo interior, a quantos enganos o submeteu. Mergulhado nessas lembranças, ouviu uns passos vacilantes a suas costas. Quando se virou, viu uma mulher de meia idade, totalmente desconhecida, mas que se aproximava dele. Seus passos eram lentos e seu olhar triste. Quando a senhora chegou a dois metros de distância, deteve-se.

— A quem procura, meu garoto?

— Eu queria falar com o senhor Geraldo e com a filha dele, a Gisele — respondeu Hélio. — Eles moram aqui, mas acho que não estão em casa.

— Sou vizinha deles, moro naquela casa — explicou-se a mulher, apontando para uma bonita casa à esquerda da residência do Alquimista. — Você os conhece há muito tempo? Conhecia bem a menina?

— Sim, não, bom, ééé..., quer dizer... — Hélio se embananou. — Faz poucos meses que eu conheci o professor Geraldo e a Gi, mas já somos grandes amigos.

— Então você devia saber da doença da menina.

— Claro que sei, mas ela está melhorando, já até parou de fazer os tratamentos.

— Ó meu filho — a mulher pronunciou esse "ó meu filho" de maneira lenta, dolorida, como alguém que acaba de receber uma péssima notícia. — Talvez você não tenha entendido bem.

Hélio se assustou com a reação da senhora, com seu "ó meu filho" cheio de dor, seguido por um tremor dos lábios da desconhecida. Ele permaneceu em silêncio, confuso e intrigado. As palavras seguintes, pronunciadas por uma mulher cujos olhos explicavam tudo, caíram como uma bomba:

– A Gi não interrompeu os tratamentos porque estivesse melhorando...

CAPÍTULO QUARENTA E QUATRO

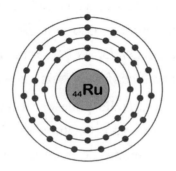

Ruminando, inconformado, os acontecimentos dos últimos dias, uma grossa lágrima escorreu pela bochecha de Hélio. Já haviam se passado três dias da morte da Gi, ocorrida justamente no dia da feira de Ciências, e ele ainda não tinha encaixado bem o golpe. Apesar de toda a lição de "bem morrer" que a menina havia transmitido, Hélio não podia se conformar com aquele desfecho. De tão absorto que esteve com seu projeto nas semanas anteriores, mal pôde perceber o que se passava com a amiga. Quase não lhe deu atenção. Não foi capaz de ler nos olhos do Alquimista o real motivo da interrupção dos tratamentos da filha. Maldito Alquimista. Por que lhe escondera a verdade? Por que não lhe disse que a menina estava no fim? Por que não lhe explicara que foi o diagnóstico de metástase nas meninges o motivo da interrupção de todos os esforços para salvá-la? Como pôde permitir que ele, Hélio, se alimentasse de falsas esperanças?! *Demônio perverso!*

Hélio enxugou as lágrimas, que continuavam brotando de seus olhos. Demônio perverso! Foi disso que Hélio xingou seu professor? O Alquimista que era um demônio perverso, por não lhe ter falado a verdade? Mas quem disse que o professor havia mentido? Qual fora a última vez que Hélio visitou a casa do Alquimista interessado mais na menina do que no seu maldito projeto? Hélio, sim, havia sido omisso e ausente. Burro, cego e tapado. Besta quadrada. Idiota. Imbecil. Demônio perverso havia sido ele próprio, isso sim. *Desculpe, professor. Estou triste, simplesmente não entendo. Eu que devia ter percebido que a Gi ia nos deixar. Mas não me conformo. Nem pude lhe dizer adeus!*

O único *adeus* que Hélio pôde dar à amiga foi diante de seu corpo, já depositado no caixão. O clima do funeral era de partir o coração, mas, ao mesmo tempo, de imensa paz. Na ocasião, o Alquimista não se cansava de contemplar o rosto sereno e belo da filha. As pessoas passavam diante do féretro, uma após outra, e dirigiam a Deus suas preces, talvez desejando um dia morrer com a mesma paz com que a Gi morrera. Hélio, acompanhado de seus pais e irmãos, recordava tudo o que a menina havia significado em sua vida.

Quantas vezes, desde que conhecera a Gi, Hélio pensou na menina como sendo um catalisador para as transformações que observava em sua própria vida. Mas Hélio estava enganado, redondamente enganado!

Não, a Gi não havia sido um catalisador. Os catalisadores têm a propriedade de se regenerarem ou de não se consumirem na reação. Não foi o que aconteceu com a Gi. Ela se foi.

Espremida.

Consumida.

CAPÍTULO QUARENTA E CINCO

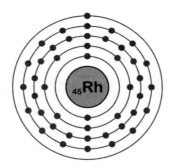

***Rh**odon*, palavra grega que significa "rosa", deu origem ao nome do elemento químico ródio, devido à cor rosada dos sais contendo esse metal. Rosa é uma cor, e rosa é uma flor. Existem muitas coisas de cor rosa que não são flores – sais de ródio, por exemplo. Assim como existem muitas rosas que não possuem cor rosa – rosas cinzentas, por exemplo.

Quando Hélio mostrou ao professor o desenho que fizera e fotografara para apresentar no evento escolar, sentiu que não lhe poderia ter ocorrido imagem mais adequada para representar a Gi. O professor Geraldo se espantou com a figura que estava gravada no papel – um caule curvo, com belos espinhos, sustentava um charmoso botão de rosa que ainda desabrochava. Uma flor. Uma rosa. Esse era o desenho que Hélio fizera, repleto de significado. As diversas tonalidades eram dadas pelos átomos de prata, em sua forma metálica. Por isso, não era uma rosa cor-de-rosa. Mas era a Gi! Ao menos, como Hélio a via.

Como o garoto já pensara antes, as fotografias imortalizam os mortais. O que se foi, de algum modo permanece. No papel não fica o mais importante, evidentemente, mas muitas vezes remete a fatos relevantes e traz à memória lembranças inestimáveis... e quantas lembranças da Gi...

Vermelho vivo – era a condição do seu sangue, quando ainda corria em suas veias. Castanho – era a cor dos seus cabelos, quando ainda embelezavam seu semblante. Trinta e quatro – era o número de seus calçados, quando ainda acompanhavam seus movimentos. Radiante – era a luz de seu sorriso, quando ainda iluminava sua vida. Afiado – era a qualidade de cada um dos seus espinhos, que por alguns meses guardou o poder de machucar quem a quisesse reter. Sangue, cabelos, calçados, sorriso – tudo ficou para trás. Os espinhos permaneceram. Um doce aroma também.

***

Já adentrado o mês de setembro, quando as águas turbulentas se acalmaram e Hélio já se conformara com o curso da história, o Alquimista chamou o garoto à sua casa para que fizesse uma limpa nos brinquedos da Gi e os levasse para a Tati. Hélio resistiu, dizendo que não tiraria do professor esses objetos que deviam carregar fortes lembranças. Mas o professor insistiu, dizendo que não seriam uns brinquedinhos para amarrar seu coração a coisas materiais, depois que teve que renunciar, em um único ano, à própria esposa e à filha caçula. Por fim, o garoto assentiu.

Enquanto remexia no armário da Gi, separando os brinquedos e colocando-os em uma grande sacola, Hélio encontrou um papel dobrado ao meio, embora percebesse nele outras marcas, indicando que já havia sido dobrado em mais partes. Não resistiu à curiosidade e abriu o papel, talvez pressentindo que tivesse algo a ver com ele próprio. Tomou um susto, seguido de um profundo desgosto. Era seu desenho: o demônio Alquimista, feito com traços carregados de ódio, guardado pela menina com o cuidado com que se guarda uma carta de amor. *Minha nossa! A Gi viu isso aqui! Que conceito devia fazer de mim...* Voltou a dobrar o desenho, em quatro partes, e colocou-o no bolso. Talvez, pudesse queimá-lo posteriormente... ou guardá-lo. Seria uma ótima lembrança de seu passado, e de quanto devia à Gi, ao professor Geraldo e à Química toda a sua transformação.

Continuou revolvendo as coisas da amiga e encontrou o que mais desejava: um ursinho de pelúcia. Hélio tinha muito gravada na memória a imagem daquele ursinho. Já na primeira vez que vira a menina, recém-acordada, com cara de sono, ela segurava aquele bichinho. Depois, foram muitas as ocasiões que vira a amiga ao lado daquele animal de pelúcia. Era branco, com manchas negras. Como a vida, um claro-escuro harmônico e fascinante.

– Professor – Hélio falou suficientemente alto para se fazer escutar da sala, onde estava o professor Geraldo –, e o ursinho? Aposto que a Tati ia gostar muito dele...

– Já te disse, Hélio – a voz do professor chegou, bastante clara, aos ouvidos do rapaz. – Pegue tudo o que você quiser.

Hélio esboçou um sorriso, satisfeito. Não pretendia levar aquele ursinho para a irmã. Afinal – Hélio podia apostar –, aquele objeto não significaria nada para ela. Mas também não queria confessar ao professor que desejava guardar aquela lembrança para si.

Nesse momento, o professor se abeirou da porta do quarto e, olhando para o garoto, disse a meia voz:

– Guarde o ursinho contigo, apesar de ele já estar meio surrado. Quantos apertões teve que suportar da Gi...

– Guardar comigo? Mas falei que vou dar pra Tati – Hélio persistiu em sua desculpa. – Tenho certeza que ela vai cuidar muito bem dele...

– Sei, sei – respondeu o professor. – Mas tenho outra coisa que preciso te entregar. Aqui está. É uma cartinha que a Gi me ditou. Para você.

– Uma carta? Sério? Pra mim?

– A letra é minha, mas as palavras são dela – falou o Alquimista, estendendo ao garoto um envelope amarelo, do mesmo tom da capa do livro de Química. – Mas leia com calma, depois, quando você voltar para casa.

***

Querido Hélio,

Há tanto tempo não nos vemos, bem agora que mais sinto a tua falta. Sei que você foi me procurar um pouco antes do fim das tuas férias, mas me pegou dormindo. Que azar!

O que será que passa pela tua cabeça? Que estou melhor e a caminho de me curar? Se pensa isso, está muito enganado. É por esse motivo que estou te escrevendo, porque a doença não me abandonou.

Pelo contrário, está cada vez mais forte, mesmo eu lutando contra ela. Faz quase uma semana que vim para o Hospital Municipal, e a cada dia são menores as chances de eu sair bem daqui... Sinto-me espremida, como nunca estive antes. Sabe aqueles limões suculentos que tem lá em casa? Você se lembra muito bem de que eles dão um suco ótimo, depois de estarem bem espremidos. Sorte que, de tão espremida, sinto que minha vida se tornou como uma limonada, incomparavelmente mais saborosa do que o limão que era antes. Quem ousaria dizer que colher, cortar e esmagar um limão é tratá-lo com crueldade? Também não acredito que a vida esteja sendo cruel comigo. Estou feliz, acho que a vida é mais bonita do que sempre imaginei, e seus segredos são mais profundos do que minha cabeça poderia supor.

A Química, por exemplo, já não te assusta tanto, não é verdade? Não me admira, com todas as explicações que papai te deu. Sabe o que penso? Que logo, logo a Química vai ser a tua matéria preferida, se é que já não é!

Hélio, você deve estar estranhando o estilo e o conteúdo desta carta. Claro que não é cem por cento minha. Estou ditando ao papai tudo o que quero te dizer, e ele está acrescentando, a seu modo, outras coisas (e estou concordando com tudo, claro).

Uma das coisas que eu gostaria muito de poder dizer é que vou me recuperar e poderemos nos ver novamente, e continuarmos amigos por muitos anos. Mas anos é uma medida de tempo tão enorme, não? Atualmente, vivo apenas contando os minutos. Cada um deles é uma vitória. E a única coisa que posso dizer é que agora as vitórias já são muitas. Minha meta era ter um mol de vitórias, mas papai me disse que eu ainda não me dei conta do tamanho absurdamente grande desse número. Tudo bem, quem sabe eu captasse melhor as coisas se pudesse estudar por mais alguns anos. Na verdade, eu já ficaria feliz se eu tivesse condições de ir à feira de Ciências, ver teu projeto. Estou curiosa para saber o que você vai apresentar. De repente, me veio à memória as muitas vezes que papai te explicou alguma matéria de Química e eu estava por perto. Era muito engraçada a tua cara pasma, principalmente das primeiras vezes. Depois, as coisas foram mudando. Você não deixou de ser você, nem surgiu um Hélio novo a partir do nada. É bem o que papai me lembrou agora daquele princípio famosão da Química, do Lavoisier, de que na natureza nada se cria, nada se perde, tudo se transforma. Tive a sorte de acompanhar a tua transformação. Em breve, vou poder acompanhar melhor ainda: papai me disse que, quando a gente morre, dá para ver as coisas de um ângulo privilegiado. Sorte a minha, porque não quero deixar de te assistir lendo esta carta. Aposto que você vai chorar. Papai sempre me diz que esta vida é passageira e estarei melhor, muito melhor, em breve. Acho que é por isso que estou feliz, de verdade. Concordo com ele quando me diz que Deus é bom: basta olhar a natureza, basta olhar a Química. Esse meu pai, sempre elogiando a Química! Mas eu acho que ele tem razão, porque ele não diz as coisas só por falar.

Bom, o que eu queria contar aqui são os acontecimentos dos últimos dias, as coisas que têm passado pela minha cabeça, e um bilhão de coisas mais. Mas, pensando bem, acho que isso pouco importa, pelo menos agora. Estou um pouco confusa, e já fico satisfeita em te dizer que foi muito bom ter te conhecido, e posso te garantir que foi também uma sorte para meu pai ter tido um aluno como você, pois é a mais autêntica prova da tal da lei do Lavoisier.

Pois é, esta carta está com toda cara de ser mais do papai do que minha. Tem razão. Ele está dando umas viajadas bonitas, apesar de ser minha a essência das ideias. Isso eu te garanto.

Estou cansada, Hélio. Te deixo em paz. Aliás, pode ter certeza que muito em breve também estarei em paz, e das mais profundas. Não sei como terminar, então simplesmente te desejo um bom futuro, por mais esquisito que isso pareça.

Muitos beijos e um abraço bem forte! Com muito carinho e saudades, Gi (e Geraldo, o Alquimista)!

288 | Limoeiro, Limão, Limonada - A Química Espremida e Adoçada

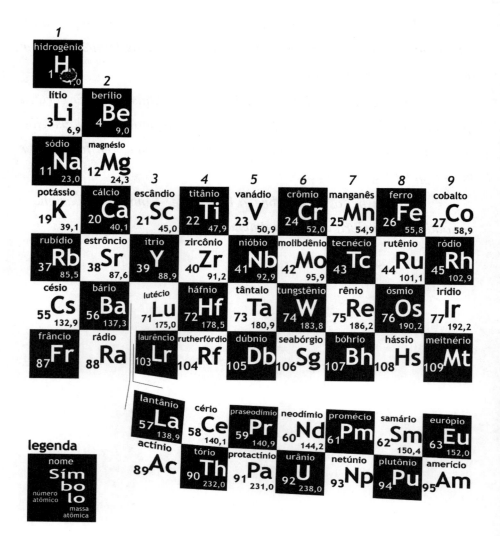

Tabela Periódica | 289

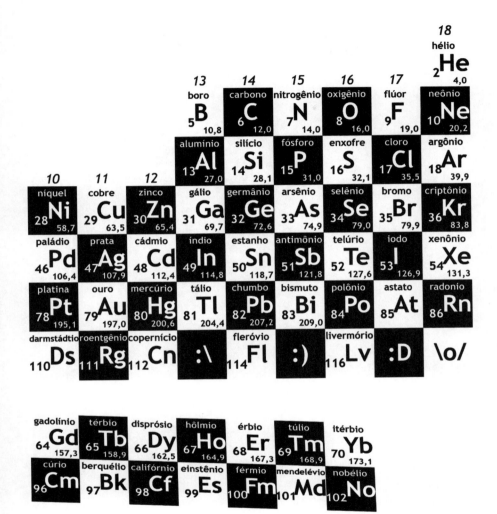

Impressão e Acabamento
Gráfica Editora Ciência Moderna Ltda.
Tel.: (21) 2201-6662